口絵1　円網を張るクモ　→p. iv

口絵2　徘徊性のクモ　→p. v

口絵 3　円網以外の網　→p. 10

口絵 4　a) ゴミグモ (*C. octotuberculata*), b) ギンメッキゴミグモ (*C. argenteoalba*)　→p. 27

口絵5 さまざまな白帯 →p. 35

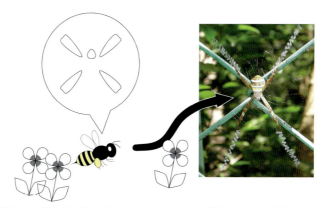

口絵6 コガタコガネグモ（*Argiope amoena*）とその網は，ハチなどの昆虫からどう見えているだろう？ →p. 37

口絵 7　サガオニグモ（*Eriophora sagana*）と，帯状の白帯　→p. 41

口絵 8　頭の向きが定まらないゴミグモ属のクモ　→p. 87

まちぶせるクモ
網上の10秒間の攻防

中田兼介 [著]

コーディネーター　辻　和希

KYORITSU
Smart
Selection

共立スマートセレクション
14

共立出版

はじめに―10秒間の攻防―

「待つことのできるものには,すべてがうまくいく」.これはルネサンス期のフランスの作家,フランソワ・ラブレーのものとされる言葉だ.がつがつ動き回るだけが能ではない.あふれるばかりの資源と時間を,湯水のように使えるならばそれでよいかもしれない.だけど,それは富者のやり方.皆が採用することはできない.であれば,じっと周りの様子をうかがい,計画を練り,時期を待つ.そしてタイミングが訪れれば一気呵成に動いてことをなす.自分だけでなく,周りが動く力も利用するのが,限りある自分の力を効率よく使う術.「待つ」ことは,だから大事だ.

ラブレーの代表作といえば『ガルガンチュア物語』.「ガルガンチュア」には,俗語で「大食漢」という意味がある.そんな名前をもったこの物語の主人公は,赤ん坊の頃に17,913頭の牛の乳を必要としたほどの大食いだ.とはいえガルガンチュアは王でもある.だから,大量の食べ物を手に入れるのに特に苦労はなかっただろう.うらやましい話だ.庶民だとこうはいかない.

動物の話をしよう.動物は,他の生き物をエサにして暮らす生き物だ.そして,たくさん食べることは,その生を支え,子を残すことに直結する,成功のための大事な条件だ.けれども動物,特に他の動物を食べる捕食性の動物にとって,食べることはそう易々とできるものではない.エサにされる側も動物だ.食べられてしまえば一生の終わり.だから,エサにされる動物には,身を守るためのさまざまな性質が備わっている.というわけで,身を守ろうとするエ

図1 円網を張るクモ
a)ジョロウグモ（*Nephila clavata*），b)交接中のチュウガタシロカネグモ（*Leucauge blanda*，右がオス），c)ビジョオニグモ（*Araneus mitificus*），d)ナガコガネグモ（*Argiope bruennichi*）．→口絵1参照

サを捕食者がどうやって出し抜き，食事にありつくかは，動物の行動を研究する上で大事なテーマの1つとなっている．

　エサを捕まえるための方法には，大きく分けて2つのやり方がある．その1つが，広い範囲を活発に移動してエサを見つける「探索型」，もう1つが，ひとつところに留まってエサが近づいたところに襲いかかる「まちぶせ型」だ．後者のやり方を採用している動物はさまざまな分類群にまたがって見られ，たとえばワニやトカゲ，アンコウ，カマキリなどがいる．本書の主役のクモは，そんなまちぶせ型の代表選手だ（**図1**）．

　まちぶせ型といっても，すべての動物が1ヶ所に居場所を構えてずっとそこで待っているわけではない．エサを待つときはじっとしていても，まちぶせ場所を探して動き回ることに多くの時間を費やすタイプも多い．クモの中でも，網を張らずにエサを探して歩き回

図2 徘徊性のクモ

a) アズチグモ（*Thomisus labefactus*）．花の上でまちぶせするカニグモの仲間．b) ヤバネハエトリ（*Marpissa pomatia*）のオス．大きく膨らんだ触肢が見える．c) スジブトハシリグモ（*Dolomedes pallitarsis*）．水辺でまちぶせし，小さな魚やオタマジャクシを捕まえることもある．d) アシダカグモ（*Heteropoda venatoria*）．→口絵2参照

る種はハエトリグモやコモリグモのようにたくさんいて，種数で見て全体の半分ほどを占める．こういうクモたちを「徘徊性」と呼ぶ（**図2**）．一方，コガネグモ，ジョロウグモ，ヒメグモ，サラグモなど網を張る種は，タンパク質でできた糸を組み上げて作った罠に哀れなエサが飛びこんでくるのを待つ，極めつけのまちぶせ型だ．このクモたちは，ほとんどの時間を自分の網から離れずに過ごす．日によって網を張る場所を変えることはあるけれども，このクモたちの移動性の低さは，他のまちぶせ型動物と比べても際立っている．こういう強いまちぶせ傾向を示す動物は，網を張るクモの他には，アリジゴクやアナアブの幼虫といったものだけだ．そして，彼らもまた罠を作ってエサを獲る．

　クモが糸で建築する罠のことを「クモの巣」と呼ぶ人は多い．し

かし，本来「巣」という言葉は，棲むところを指すものだ．確かにクモは自分の作った罠の上で暮らしている．だから，網のことを巣と呼んでも間違っているわけではない．しかし，網の最も大事な働きは，エサの動きを止め，クモが襲いかかるまで逃がさないよう，その場に留め置くことだ．こういう役割をもつ「巣」は，動物の世界では珍しく，特別な存在である．なので本書では，生物学者としての細部へのこだわりを発揮させてもらって，「クモの巣」の中で罠としての働きをもつものを「網」と呼ぶ．本書の中心テーマはこの「網」だ．ちなみにクモの中には，地中の穴に糸で内張りして中に棲むトタテグモや，産卵や脱皮のときに石の隙間のような狭い場所を糸で塞いで小部屋を作るハエトリグモ，といったものもいる．このような建築物は罠ではない．だからこれらは文字どおりの「クモの巣」だ．

　エサを捕まえるための特別な道具である網をもつクモだが，やはり食事にありつくのは大変だ．ガルガンチュアのようにはとてもいかない．実例を1つ紹介しよう．私は2003年から2008年にかけて，ゴミグモ（*Cyclosa octotuberculata*）の網の前にビデオカメラを仕掛け，網にかかるエサの様子とクモの反応を100時間ほど撮影したことがある．その間，約170回ほどエサが網に衝突した．しかし，そのうちクモが食べるのに成功したケースは，半分ほどの90回強だった．つまり，クモが食べられるエサは1時間に1個体弱．ゴミグモは昼行性なので，1日12時間エサを待っているとすると，食べられるエサは1日に10個体強ということになる．そう聞くと，三度の飯より数が多くて，たくさん食べているような印象になるかもしれない．しかし，詳しく見てみると，食べたエサのほとんどは小さなハエやユスリカなどだった．10個体程度ではたいした量にはならない．ということで，クモにとって，網にかかった1つのエ

サを逃がしてしまうのか，はたまた食べるのに成功するのかは，大問題なのだ．なにしろ1つ成功すれば，食べる量が10%近くも増えるのだ．

　ちなみに，ゴミグモの場合，エサが衝突してから捕まるまでにかかった時間は，中央値で12秒だった．これが1日に10回程度しか起らないということは，網を張り終えたクモがエサを獲るために費やす時間は1日に数分だけ．あとはひたすら待ち続けているということである．

　この本では，クモが網，特に動物の作る最も精緻で繊細かつ美しい構造物である円網を使って，どのようにエサを獲っているかについて紹介する．第1章では，まずクモと網の基本について解説する．そして第2章以降がエサを獲る具体的な話になる．エサを獲る，と簡単に書いたが，これはいくつものプロセスを経て初めて達成される大変なお仕事だ．まず，クモはエサと出会わなければならない．そのために，クモはエサの多い場所を選んで網を張ったり（第2章），積極的にエサを網のある場所におびき寄せる（第3章）．ゴミグモの観察からは，網に衝突したエサが逃げてしまう場合がかなりあることもわかる（170回中80回ほどはエサを食べていない）．ここで歩留まりを上げることが，クモの成功に効いてくる．そのために，網はエサの動きを止めてその上に留め（第4章），一方のクモは衝突したエサの大きさや場所を素早く認識し（第5章），できるだけ短時間でエサがかかった場所まで移動して，逃げないよう確保しなければならない（第6章）．10秒強ほどの時間で起きる，このクモとエサの攻防戦の舞台が，円網だ．そして本書は，紙幅のほとんどを使ってこの10秒間を説明する1冊である．

　クモは現在のところ，世界中で45,000種以上，日本だけでも千数百種が知られている成功した分類群で，陸上生態系における無脊

椎動物の捕食者として重要なグループだ．そのうち半分ほどが網を張る．近年は人工的に合成したクモの糸を使った工業製品が実用化の寸前まできており，産業的にも有用になりつつある．また，私たちの身近で多くの種類が見られるという点で，教育的な価値も高い．中には嫌う人もいるけれども，民族によっては聖なる動物として崇められていたり知恵の象徴として扱われたりするなど，文化的価値もある．そんな中，本書で強調したいのは，生物としての面白さだ．クモの網を使った捕食行動に関する研究は，世界各地で多数の研究者によって行われており，私もその1人としてささやかながらさまざまな発見を行ってきた．本書では，この数十年の間に次々と解き明かされてきた，クモの網の秘密と，驚くべきまちぶせの技について紹介したい．

2017年2月

中田兼介

目　次

はじめに―10秒間の攻防―……………………………………… iii

① **まちぶせと網** …………………………………………………… 1

　1.1　クモはどんな動物か　1
　1.2　円網の張り方　4
　1.3　いろいろな網　9

② **仕掛ける** ………………………………………………………… 13

　2.1　網張り場所の選び方　13
　2.2　考えるな，感じるんだ　16
　2.3　まちぶせのコスト　18
　2.4　クモのお引っ越し　21
　2.5　ノイズのある世界で生きる　23
　2.6　網を使った情報獲得戦術　26

③ **誘いこむ** ………………………………………………………… 30

　3.1　エサをだますテクニック　30
　3.2　誘うために目立つ　34
　3.3　例外のない規則はない　38
　3.4　身を守るために目立つ　43
　3.5　目立つ体で誘いこむ　46

④ **止める** …………………………………………………………… 50

　4.1　円網の2つの役割　50
　4.2　動きを止める縦糸の特徴　52

4.3 エサを逃さない横糸　55

4.4 環境によって変わる，糸と網の性能　58

⑤ 見つける …… 61

5.1 ホームセンターは宝の山　61

5.2 クモの機械感覚　62

5.3 円網は感覚拡張装置　64

5.4 クモの好き嫌いと円網　69

5.5 円網を引っ張るゴミグモ　71

5.6 方向によるエサの「見つけやすさ」の違い　75

5.7 クモの注意の払い方　78

⑥ 襲いかかる …… 82

6.1 最後はスピード勝負　82

6.2 円網は上下でサイズが違う　83

6.3 頭の向きと網の形　86

6.4 襲撃時間の最小化仮説　90

6.5 下りはよいよい，上りはこわい　99

6.6 縦糸横糸の上下非対称性　103

6.7 円網の形態と重力　105

引用文献 …… 110

おわりに …… 122

謝　辞 …… 125

アマチュア研究家に薦めたいクモの行動生態学へのガイド
（コーディネーター　辻　和希）…… 126

索　引 …… 134

Box
1. 網のサイズ非対称性と頭の向きの最適化 ……………………………… 94

1

まちぶせと網

1.1 クモはどんな動物か

　クモは昆虫やエビ，カニなどと同じ節足動物の仲間で，クチクラでできた外骨格で覆われ，節のある体と脚をもつのが特徴である．さらに細かくいうと，サソリやダニと同じ仲間で，鋏角類と呼ばれている．体は昆虫と違って，頭胸部と腹部の 2 つに分かれているのが特徴で，頭胸部には口のそばに脚が変形してできた鋏角を備え，そのすぐ横に 1 対の触肢をもっている．また，頭胸部の側面には 4 対の歩脚が伸びている（**図 1.1**）．

　物をつかむ際に使うこともある鋏角は，先が鋭い牙状で，根本にある毒腺から管が通っている．クモはエサを捕まえると鋏角を突き立て，毒をエサに注入してから食事にかかる．ちなみに，ほとんどのクモの毒は人間には無害で，影響がある場合でも死に至ることは少ない．

　触肢には「味」や「匂い」を感じとるセンサーがあり，クモは触

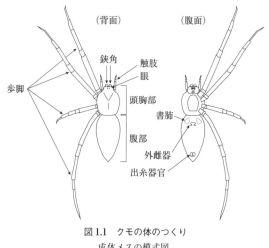

図1.1 クモの体のつくり
成体メスの模式図.

肢でエサに頻繁に触れて,どんな食べ物か感じとっていると考えられている.成体のオスでは,触肢はもう1つ大事な働きをもっている.交接して精子をメスに受け渡す際に使うのである.触肢は,元々,節足動物がたくさん備えている肢の1つだ.体の前のほうにある触肢を使うということは,私たちで例えるなら,手で捧げて精子を差し出しているようなものである.そんなわけで,クモは繁殖の際に腹部を重ねることはしない.このような動物では「交尾」の代わりに「交接」という語を使うことが多い.

クモのオスとメスを見分けるのはとても簡単だ.成熟したオスの触肢の先端は球状に膨らみ,ボクシングのグローブをつけたような形になっている(図2b参照).一方,メスの触肢は根元から先まで太さの変わらない棒状で,オスとの違いは一目でわかる.初めて見たようなクモでも,触肢の形の違いさえ知っていればオスメスが見分けられるので,半可通を気取るにはピッタリである.

オスの触肢が膨らんでいるのは，交接のための複雑な構造を備えており，また，メスに受け渡す精子を一時貯める働きをもつためだ．一方，触肢は脚なので，精子を作るための精巣を備えていない．精巣は普通の動物と同じように腹部にあるのだ．だからオスは，交接の準備として精子を腹部から触肢に移す作業を行う必要がある．このために，クモはまず精網という小さな構造を糸で作り，そこに精子を放出する（このように，クモの糸は網を作るだけではなく，いろいろな用途に用いられる）．オスはこの精子をスポイト状になっている触肢で吸いとり，交接の準備をする．そして，いざ交接の際は，触肢先端部をメスに挿入して精子を受け渡す．

オスの触肢は，クモの特徴的なつがい行動の鍵となることがある．たとえば，触肢を使い捨てる種がいる．こういう種では，交接するとオスの触肢の先端が壊れ，メスの交接孔に残り交尾栓として機能する（オスが成熟すると自ら片方の触肢を切断して1本だけ残す *Tidarren* 属のようなクモもいるが（Knoflach & Benjamin 2003），多くの種で触肢は2本ある．そのため，「使い捨て」を行うオスでも，メスに精子を渡す機会は2回ある）．逆に，交接の際にオスが触肢を使ってメスの交接器を破壊し，自分以外のオスと配偶しないようにするクモもいる（Mouginot *et al.* 2015; Nakata 2016）．このように，クモのつがい行動の中には，私たちの目から見ると奇妙極まりないものがたくさんあり，それらを紹介し始めると，紙幅がいくらあっても足りなくなるので，またそれはいつか別のところでお話しすることでお許し願いたい．

クモは多くの種で8個の目をもつが，造網性のクモは優れた視覚をもたない．そのため，これらのクモは触覚や振動覚といった機械感覚に強く依存している（縮小した網を前脚で掲げ持ち，地上を歩くエサに上方から襲いかかる夜行性のメダマグモは，例外的に大き

な目と優れた視覚をもつ (Stafstrom & Hebets 2016)).一方,ハエトリグモやコモリグモ,カニグモといった網を張らないクモは,視覚にも頼ってエサを捕まえている.たとえば,アフリカに生息するハエトリグモの1種 *Evarcha culicivora* は,血を吸ったメスの蚊と吸っていないオスの蚊を視覚だけで識別して,エサとしてより優れたメスの蚊に近づいていくことが知られている (Jackson *et al.* 2005).

腹部は,多くのクモで体節が融合して1つになっており,肢は見られない(ただし,日本だと九州より南で見られるキムラグモ (*Heptathela kimurai*) を含むハラフシグモ類の体のつくりは原始的で,腹部に体節が残っている).腹部の前方には書肺と呼ばれる呼吸器官が腹側にあり,背側には心臓がある.腹部に毛が生えていないクモであれば,実体顕微鏡などを使って背中側から観察すると,心臓の拍動を見ることができる場合がある.メスの外雌器は書肺の後ろにあり,別々の受精嚢につながる2つの交接孔と,その間に産卵のための孔が1つ開いている.

腹部の後方末端にはクモを特徴づける,糸を紡ぐための出糸器官が,種によって2個から8個まで見られる.7種類ある分泌腺から出てくる糸はそれぞれ性質が違い,異なる用途に用いられる.たとえば大瓶状腺と呼ばれる腺から紡がれる糸は,クモが高いところからぶら下がるときや移動するときに後に残すしおり糸,円網を作る際の枠糸,縦糸として使われる.梨状腺から出る糸は,網の糸を木の枝などに貼りつけるための接着用である.

1.2 円網の張り方

このような種類の異なる糸を組み合わせて作られるのが円網だ(図 1.2).円網は,平面的な構造を基本とする建築物である.木の

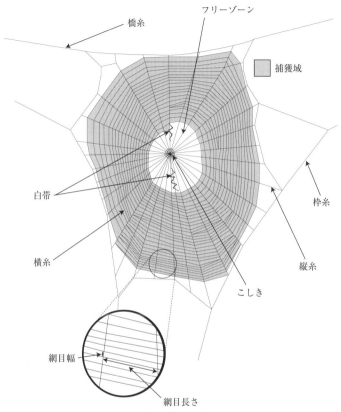

図1.2 円網の構造と各部の名称

枝などの間に多角形状に渡された糸（枠糸）からなる外枠と，その内側で中心から枠糸にかけて放射状に張られた縦糸，縦糸に支えられ螺旋状に張られた横糸からなる．円網の中には，この基本形にさまざまな飾り（たとえば白帯．詳しくは第3章で）や付属構造物がついたり，構造の一部が複雑化または簡略化されたりするものがあり，種によって多様な形態が見られる．

円網は，地面と水平に張られるものと，垂直に張られるものの2つに分けることができる．どちらのタイプの網を張るかは種によっておおむね決まっているが，マルゴミグモ（*Cyclosa vallata*）のように両タイプの網をいずれも張る場合もある．マルゴミグモも含め，斜めの網を張る種も見られる．網のなす角度は狙うエサの種類と関係しており，垂直円網は広い地域を飛び回るハチやチョウのような昆虫を捕らえるのに向いていると考えられている．また，水平円網は渓流の上に張られていることが多い．これは，カゲロウのように水中で幼虫時代を過ごす昆虫が羽化して飛び上がるところを捕らえることに向いているのだろう．

　垂直円網を例にとって，網の張り方を説明しよう（**図1.3**）．クモはまず網の最上部で全体を吊るす働きをする糸を張る．この糸は特に橋糸と呼ばれている．橋糸を張るための方法は主に2つある．1つは，腹部を高く掲げて糸を空中に放つことだ（図1.3a）．糸は太さ数 μm（マイクロメートル，1 μm は 1 mm の 1/1000 である）程度と細く極めて軽いので，わずかでも空気の流れがあればそれに乗って浮く．そして，出糸器官から繰り出された糸は，その片方の端がクモの腹部につながったままで，たゆたゆと空中に漂っていく．糸のもう片側，つまり空中に浮いている側には粘着物質がついており，どこかに触れるとその場所に付着する．こうしてクモのいる場所から1本の糸が渡されることになる．このような風まかせの方法で，ちゃんと網を張れるのだろうか？と不思議になるのだが，観察していると，クモはある場所に糸を渡すことに成功しても，すぐにそこで網を張るわけではないようだ．渡した糸を切ってしまったり，糸の途中まで歩き，そこで再び糸を流したりして，試行錯誤を繰り返したのちに，ここと決めるようである．

　橋糸を張るもう1つの方法が，実際に歩いていくことだ．クモは

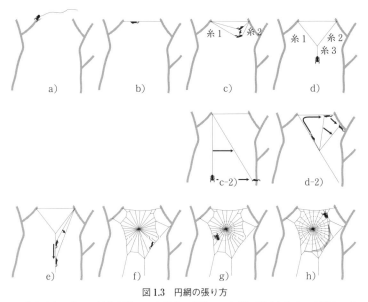

図 1.3 円網の張り方
a) 糸を空中に流して橋糸を張る，b) 橋糸の補強，c-e) 網の平面を作る，f) 縦糸の完成，g) 足場糸を張る，h) 横糸を張る．

歩き始めるときにその場所に糸を付着させ，腹部から糸を繰り出しながら進む．このため，歩き始めた場所から，現在クモがいる場所まで，常に糸が1本張られた状態になっている．そのため，ある場所から別の場所まで歩いて移動できるルートが存在するなら，その間に糸を渡すことができる．

橋糸は全体を吊るすために強度が必要である．そのためクモは，渡した糸の上を何度も往復する（図 1.3b）．クモが歩くたびに糸が追加されていき，橋糸は強い糸になる．

橋糸が完成すると，クモは次に枠糸と縦糸を張る．その1つのやり方はこうだ．まずクモは橋糸にぶら下がりながら移動して，橋糸と平行にもう1本の糸（糸1とする）を渡す．橋糸の片方の端にく

ると，クモは糸1を一旦橋糸に付着させる．そしてきた方向に向き直り，もう1本の糸（糸2とする）を腹部から出してその場所に付着させる．同時に糸1の端を橋糸から切り離して前脚で持つ．こうすることで，クモは糸1によって前方で橋糸の向こうの端とつながり，後方で糸2によって橋糸のこちらの端とつながった形になる（ここで橋糸を切る場合もある）．そしてクモは，出糸器官から直接伸びている糸2を繰り出していく．糸2が長くなっていくにつれ，糸1と糸2の頂点に位置するクモの体は，前方下向きに移動する（図1.3c）．クモは，適当な位置に達すると，体の前後に分かれていた糸1，糸2を接続し，そこにもう1本の糸（糸3）をつないで，その糸を繰り出しながら下に降りる（図1.3d）．そして地面などに糸3を付着させて，糸1〜3の接続点に戻れば，橋糸の下で糸がY字を作った状態になる．Y字を作るのではなく，橋糸の途中から真下に降下してT字を作ったり，降下した後に地面を少し歩いて斜めに糸を張る場合もある（図1.3c-2，d-2）．こうして複数の糸からなる平面ができると，クモは糸の上を歩き，任意の2点の間に糸を渡したり，不要な糸を切断して削除することで，枠糸と数本の縦糸からなる網の原型を作り上げていく（図1.3e）．このとき，最初の平面を作った糸が失われることもしばしばある．ともかく，こうして網の中心が形を現し始めると，クモはその中心から既存の縦糸を伝って枠糸まで移動し，枠糸上を少し歩いてから糸を枠糸に貼りつけ中心部に戻ることを繰り返す．この工程1サイクルで，縦糸が1本網に加わることになる（図1.3f）．ちなみに，縦糸を加えるとき，クモは一方向に順番に張っていくのではなく，中心部で回転しながら既存の縦糸の位置を確認し，隙間が空いている場所を埋めるように張っていく．また，回転時に縦糸の間に糸が張られ，中心部は「こしき」として形作られていく．

縦糸を張り終わったクモは，こしきから外側に向かって，隣り合う縦糸を伝いながら移動し，緩やかな螺旋を描きながら糸を張っていく（図1.3g）．この糸は足場糸と呼ばれる．足場糸を張りながら外縁部に達したクモは，今度は外側からこしきに向かって再び螺旋状に移動し，粘着性の横糸を，足場糸よりも細かく張っていく（図1.3h）．このとき，隣り合う縦糸間の距離が広く，ひとまたぎできない場合は，内側の足場糸を伝って移動する．狭い場合はこしき側の脚を足場糸に添わせながら直接縦糸の間をまたぐ．いずれにせよ，クモは足場糸の外側に横糸を置いていく．横糸を一巻き張るごとに，足場糸と横糸の間が狭くなってくる．この空間がなくなると，クモはこれまで触れていた足場糸を切って1つ内側の足場糸に脚を添わせるようになる．この結果，完成した円網には足場糸は見られず，螺旋状に張られた横糸だけが残ることになる（ジョロウグモは例外で，足場糸を残したままにする）．こしき周辺には横糸は張られず，クモが網の片面からもう片面に移動する際に使うフリーゾーンとして残される．横糸を張り終わるとクモはこしきに戻ってくる．クモが移動の際に使う枠糸，縦糸，足場糸は粘着性をもたず，また粘着性の横糸は外から内側に張り進むため，クモは糸に絡むことなく網を完成させることができる．種によっては，網建築の最後の仕上げにこしき部の糸をかみ切って穴を空けたり，その穴をさらに糸で埋めたり，こしき部周辺に糸で飾りをつけたりする（図3.2参照）．

1.3　いろいろな網

　クモの網には，円網以外にも多様な形のものがある．代表的なものとしては，棚網，皿網，不規則網，が挙げられる（**図1.4**）．棚網は，クサグモなどが張るもので，糸を平面上のいろいろな方向に張

図 1.4 円網以外の網
a) 棚網：コクサグモ（*Allagelena opulenta*），b) 皿網：アシナガサラグモ（*Neriene longipedella*），c) 不規則網：オオヒメグモ（*Parasteatoda tepidariorum*），d) ボロ網：クロガケジグモ（*Badumna insignis*）．→ 口絵 3 参照

りつめて作った水平のシートをもち，その端に隠れ場所として使う筒状の構造がついているのが基本の形である．そして，わずかに中央が凹んでいるシートの上側にはいろいろな方向に何本も糸が張られている．エサがシートの上に落下すると隠れ場所に潜んでいたクモが飛び出してきてエサを捕獲する．

皿網は，サラグモ科のクモが張るもので，棚網よりも歪曲の大きなシート状の構造をもつことが多い．このシートが皿のように見えるので皿網だ．シートは種によって，皿を置いた形のもの，伏せた形のもの，歪曲が小さく平らに見えるものとがある．皿網には棚網とは異なり隠れ場所はなく，クモは皿の下面でエサを待つことが普通だ．皿の上方には，棚網と同じく糸がいろいろな方向に張られていて，飛んできたエサを衝突させシートに落とす（**図 1.5**a-c）．棚網も皿網も糸に粘着性がないことが一般的である．

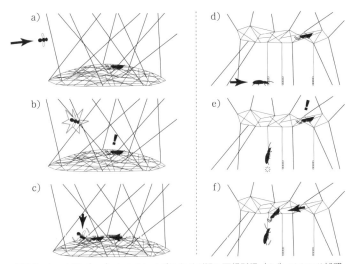

図 1.5 シート網 (a-c) とオオヒメグモなどが張る不規則網 (d-f) でのエサ捕獲

不規則網は,主にヒメグモ科のクモが張るもので,木の枝などに周りを囲まれた空間の中で,いろんな方向に糸を張り巡らせた立体的な構造をもっている.クモはその構造の内部でエサを待つ.オオヒメグモ (*Parasteatoda tepidariorum*) などの網では,粘着物質が先端についた糸が,下のほうに垂らされて地面などに付着している.エサが歩いてきて,糸の粘着部に触れると,糸と地面との付着が切れ,エサは糸によって空中に釣り上げられる(図 1.5d-f).こうして支えを失うと,エサが逃げ出そうといくら暴れても,その力は宙に消える.このためオオヒメグモの網は,かなりの大きさのエサを捕らえることができる.

網にはエサだけでなくさまざまなものがぶつかる.また,エサが逃げようとしてもがくこともあり,網はしばしば壊れてしまう.円網以外の網では,壊れた場所は都度修復される.一方,円網を張る

クモの多くは定期的（多くは1日ごと）に網を張り替える．このとき，縦糸のほとんどと横糸は更新されることが普通である．円網の場合，クモがエサを捕まえようと網上を移動するときの脚の動きで横糸は大きく損なわれるので，1日の終わりには網はボロボロになることが多い．また乾燥の影響や，空中のほこりが横糸につくために粘着性が下がることもあり，エサが獲れなかったとしても，網を一から作り直すほうがよいのだろう．

円網を張るクモは，張り替えのときにしばしば引っ越しをする．円網以外のタイプの網を張るクモの場合，一度どこかに張った網を移動させるためには，これまでに網作りに投じた努力を全部棄ててしまう必要がある．同じ網を使い続けるなら壊れた場所を補修するためのわずかなコストを投じるだけで済むところ，引っ越しすると一から網を張らねばならず，大きなコストが必要となるわけだ．このコストの差を打ち消すほどの，よっぽどのメリットがないと引っ越しはできないだろう．一方，毎日張り替えを行わなくてはならない円網性のクモでは，網作りに投じた努力のほとんどは，どのみちその日のうちに失われる．そのため，同じ場所で網を張ろうと，引っ越して新しい場所で網を張ろうと，建築のためのコストは大きくは変わらない．だから，わずかなメリットでもあれば，網を移動させることが得になる．そのため，円網を張るクモは他のタイプの網をもつクモよりも網を移動させやすいと考えられている．

このことは，円網を張るクモは他のタイプの網をもつクモよりも，網を張る場所を選ぶ機会が多いということである．ここでうまくエサが獲れる場所に網を張ることができるかどうかは，クモの運命を大きく左右するだろう．次章では，この問題について詳しく説明したい．

仕掛ける

2.1 網張り場所の選び方

　1970年代の終わりから80年代初めにかけて活躍した女性アイドル，石川ひとみさんのヒット曲が『まちぶせ』．勝手ながら私のテーマソングとして指定させてもらっている．この曲は，「あの娘」と好い仲の「あなた」を想う主人公が，その気持ちを隠しつつ，いつか「あなた」をものにしてやる，と歌うものだ．歌詞の中で主人公は，他の人からきた自分宛のラブレターを見せつけて「あなた」の気持ちを釣ろうとする．さらに，偶然のふりをして「あなた」の帰り道でまちぶせするのである．帰り道はよい狩場だ．当時思春期真っ只中だった中学生の私は，そのやりくちに震え上がっていた．当時は狩られるつもりだったのだ．いい気なものである．

　クモの場合も，エサを獲るための第一歩は，よい場所を選んで網を張ることだ．クモたちは決してデタラメな場所に網を張っているのではない．それぞれの種が，網を張るための好みの場所を

もっている.たとえば,キマダラコガネグモ (*Argiope aurantia*) は湿度の低いところ (Enders 1973) を,サラグモの1種 *Lepthyphantes tenuis* は逆に湿度の高いところ (Samu *et al.* 1996) を好む.イスラエルのネゲブ砂漠に棲むゴケグモの1種 *Latrodectus revivensis* は,高温を避けて網を張る (Lubin *et al.* 1993).やはり砂漠環境に棲むクサグモの1種 *Agelenopsis aperta* も,日当たりがよい場所を嫌う.こういう場所は,エサ昆虫がたくさんいるけれども高温のために活動時間が制約されるので,逆に日陰を選んだほうが,たくさんのエサを獲ることができるらしい (Riechert & Tracy 1975).また,オオヒメグモ (*Achaearanea tepidariorum*) は20℃付近の温度環境を好み,たくさんの糸を使って大きな網を張ることで,エサをたらふく食べている (Barghusen *et al.* 1997).網を張るには,どこかに糸を付着させる必要があって,そのような場所として使う草や木の枝といった構造がたくさんあるほうが,網を張る場所として好まれることも知られている (Mcnett & Rypstra 2000).

このような物理的要因に加えて重要なのが,エサの量だ.物理的には同じような場所の間でも,エサがどのくらい獲れるかは違っていることが普通だ.実際,網がエサの多い場所にたくさん張られていることが,円網性のクモやヒメグモ科のクモで確かめられている (Enders 1973; Harwood *et al.* 2001).

クモはどうやってエサの多い場所を見つけているのだろう? もちろん帰り道で待つわけではない.1つの可能性は,エサの多さを示すような,何か間接的な手がかりを使うことだ.それには,離れた場所から情報が得られるものが望ましい.探索範囲が大きく広がるために,よい場所を見つけられる可能性が高くなるからだ.視覚的な手がかりは,そのようなものの1つである.視覚が優れ

図2.1 街灯に張られた円網

ているとはいえない造網性のクモでは,物の形などの細かな視覚的情報を手がかりにするのは難しいかもしれないが,明暗の区別程度ならできる.実際,街灯のそばに網が張られているところを見ることは多い(**図2.1**).夜行性のキタノオニグモ(*Larinioides sclopetarius*)に,照明されている場所とされていない場所を与えると,照明された場所で網を張る,という実験結果もあり(Heiling 1999),光を手がかりにするクモがいることは確かだ.これは光に集まるエサを狙ってのことだろう.

遠くから利用できる手がかりとしては匂いもある.ツヤクロゴケグモ(*Latrodectus hesperus*)に,コオロギの匂いがついた石とそのような匂いのない石を与えると,匂いのある石の近くに好んで網を張ったことが報告されている(Johnson *et al*. 2011).ただしこの研究では,クモが空中を漂ってくる匂いを遠くから嗅ぎとって近づいていったのか,それとも網場所を探して移動しているうちに,たまたま残っていたエサの痕跡に出くわして,そこで探索をやめて造網したのかは区別されていない.

エサの痕跡があるのをきっかけにしてクモが網を張る例は,社会

性クモの1種オワレスズミグモ (*Cyrtophora citricola*) で知られている．社会性のクモは，たくさんのクモが互いの糸を共有して，重なり合うように網を張り集団で暮らす．オワレスズミグモの子グモは，エサの残りがぶら下がっている網に放されると，エサのない網に放された場合と比べて高い頻度で網を張る (Mestre & Lubin 2011)．一方，サラグモの1種 *Mermessus fradeorum* で行われた実験は，クモが空中を漂う匂いを手がかりにしていることを示している．この実験では，エサのいる部屋とエサのいない部屋の2つを用意し，それぞれクモのいる部屋と管でつないでいる．そして，クモのいる部屋の空気を吸い出すことで，エサのいる部屋からクモのいる部屋に空気が流れ，匂いが伝わってくるようにしたのである．すると，クモの多くが，まずエサのいる部屋に向かって移動し網を張ったのだ (Welch *et al.* 2013)．

2.2 考えるな，感じるんだ

どのくらいエサがいるのかを，手がかりに頼らずに，直接知る方法もある．実際にその場所でエサを獲ってみればよいのだ．実際，エサが獲れないと網を引っ越し，獲れると同じ場所を使い続けるという現象が，アメリカジョロウグモ (*Nephila clavipes*, Rittschof & Ruggles 2010)，ギンメッキゴミグモ (*Cyclosa argenteoalba*, Nakata & Ushimaru 1999)，コガネグモの1種 *Argiope trifasciata* (McNett & Rypstra 1997) など，多くの種で報告されている．これらのクモは，自分の経験からエサがいるかどうかを知り，その情報を網場所選びに利用していると見なしてよいだろう．

ある場所でエサがどのくらい獲れるかを知ることは，これから張る網の大きさを決めるためにも重要だ．網の面積は野放図に広げればいいというものではない．面積が広がるにつれ，網に衝突するエ

サの数は増えるけれども，網の端の部分にかかったエサには逃げられることが多くなるだろう．そのため，実際にクモが確保できるエサの量は次第に頭打ちになるはずだ．一方，網を大きくするにはその面積に比例して労力ないしコストがかかる．網を張ることから得られる利益は，エサから得られる収益から網を張るためのコストを引いたものとして考えればいいだろう．網がある程度以上の大きさになると，エサから得られる収益の増加分より網を張るための労力の増加分が上回るようになるので，利益は減少し始める．このサイズが，クモにとって最も高い利益を得られる網の大きさということになる．そして，このサイズは，エサが少ししかいない場所よりも，たくさんいる場所のほうが大きくなる（図2.2, Mori & Nakata 2008）．実際，人の手で網にエサをかけてやって，クモが襲いにきたところで，エサが捕まる前に取り除くということをしてやる．こうして彼女ら（私の観察は基本的に成体を対象にしており，成体のオスは網を張らないので，私が網の研究で扱うクモは，おお

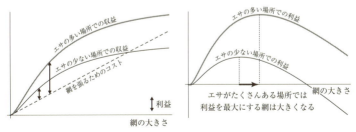

図2.2　場所によるエサ量の違いが，網の大きさに与える影響
網が大きくなると，獲れるエサの量は増えていくが，その増え方は次第に小さくなってくる．一方，網を張るためのコストは網の大きさ（面積で考える）に比例する（左図）．そのために，獲れたエサから得られる収益から網を張るためのコストを引いた，網を張ってエサを獲ることから得られる利益は，網がある大きさを超えると減っていく．このとき，利益を最大にする網のサイズは，網を張る場所にいるエサの量が増えると大きくなる．

むね「彼女」である）にエサがいることを教えてやり，翌日どんな網を張るか調べる．すると，まったくエサを与えない場合と比べて，大きな網を張るようになるのである (Nakata 2007)．つまり，彼女らは経験から周りにいるエサの量を知り，それに合わせて網の大きさを調整していると考えられるのだ．

おそらくクモは，エサの多い場所を見つけるのに，まず間接的な手がかりを用いて大ざっぱに候補地を絞りこみ，その後実際に網を張って本当にエサが獲れるかどうかを確かめ，あまりエサが獲れなかったときは別の場所に移動する，というやり方を採用しているのだろう．このうちより重要なのは，網を移動させながら行う後者の方法，つまり，試行錯誤を通じた場所選びだろうと考えられている (Riechert & Gillespie 1986)．

動物によっては，いろいろな場所でエサを探してみてから，一番よい場所を選ぶものもいる．しかし，いくつかの場所を見比べて選ぶ方法は，クモには難しいことだろう．たとえば，ある場所から別の場所に移動したクモが，移動前の場所のほうがエサが多かったことに気づいても，元の場所に戻ることはやすやすとはできないからだ．

2.3 まちぶせのコスト

まちぶせしてみればエサがいるかどうかはわかる．しかし，クモの場合，まちぶせするには先に網を張る必要がある．そして網はタダでは張れない．ジレンマである．

網の糸はたんぱく質でできている．そのため，網を張れば，その分，自身の成長や卵の生産に回せる栄養が削られることになる．また，クモは歩き回った後に糸を残していくことで網を張る．種によっては，網を作る糸の総延長は数十 m にも及ぶが，それだけの距

離をクモは歩いているわけだ．1日のほとんどの時間を網の上で動かずにエサを待っているクモにとって，網を張るときの運動量はとても大きい．また，網を張るためにかかる時間も長く，種によっては1時間以上かかることもある．クモにとって，まちぶせは時間的にもエネルギー的にもコストが大きい活動だ．

　エサを探すためにコストを払うのは，クモだけに限らない．巣場所とエサ場所の間を移動したり，エサを探し回っていたりすると，エネルギーを消費するし，捕食者に襲われる危険性も高くなる．また，配偶相手を探したり子育てをするなど他の活動をすることもできなくなる．こちらは経済学でいう機会コストと同じだ．このようなコストにもかかわらず，動物がエサを探すのは，エサから得られる収益がコストを上回ると期待するからだ．人間で例えるなら，商店を経営しようとして建物を建てたり商品を仕入れたりするのは，その店が利益を生むと考えるからである．

　しかし，期待はあくまで期待にすぎない．帰り道で待っていても，「あなた」がいつもどおりの道で帰ってくるとは限らないではないか．待ちぼうけは辛い．クモにしたって，探してみたがエサがおらず，思ったように利益が上がらないこともあるだろう．とはいえ，「探索型」の動物のように，エサを獲るためのコスト投入が，実際に獲ることと並行して行われるのであれば，期待が外れることは大きな問題にはならないだろう．ダメだとわかった時点でそれ以上のエサ探しをやめれば，収益をコストが上回ることから生じる赤字を最小限に留めることができるからだ．

　しかし，クモではこうはいかない．エサを獲るために必要なコストを，一括前払いしなくてはならないからだ．たとえば1時間待ったところでエサがあまりいないことがわかったからといって，払ったコストを引き上げることはできない．これは，ランニングコスト

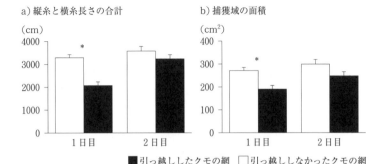

図2.3 ギンメッキゴミグモにおける，引っ越しが網の大きさに与える影響

網を破壊して実験的に引っ越しを起こさせると，その直後（1日目）に，これまで使ったことのない場所で張られた網は，対照群とした引っ越ししなかったクモの網と比べて，サイズが小さく，網を作る糸の量も少なかった．しかし，さらに翌日（2日目）に同じ場所で張られた網は，サイズも糸の量も通常の網と変わらなくなった（Nakata & Ushimaru 2004のデータを使ってグラフを作成した．エラーバーは標準誤差．*$p<0.05$）．

に比べて設備投資コストが大きいときに生じる問題で，罠を使ってエサを獲る動物に特有のものだ．

　クモは，網の張り方を状況によって変えることでこの問題に対応しているようだ．私はまだ博士号とりたてのオーバードクターだった頃に，その後共同研究者としてたくさんの仕事をすることになる丑丸敦史さん（現在神戸大学教授）と一緒に，ギンメッキゴミグモの引っ越し行動を観察していた．すると，どうも彼女たちが引っ越ししたときは，通常よりも小さく糸量の少ない網を張るように見えるのだ（**図2.3**, Nakata & Ushimaru 1999）．そして，文献をひも解くと，同じ現象がニワオニグモ（*Araneus diadematus*）でも見られていることがわかった（Zschokke & Vollrath 2000）．

　2.2節で説明したように，網を張ることから得られる利益を増やすためには，クモは，その場所で獲れるエサの量に応じて網の大き

さを変えればよい (Mori & Nakata 2008). しかし，引っ越し直後には，これまでエサを獲った経験のない場所で網を張ることになる．この場合，その場所にエサがたくさんいるのか少しいるのかがわからない．そのため，生息場所全体で考えたときのエサ量の平均（つまり期待値）に合わせて網の大きさを決めるより他に方法がない．生息場所の中にはエサがあまり獲れない場所もあるだろうから，この平均値は，エサがたくさん獲れた結果クモが定着した場所のエサ量よりも小さくなるだろう．引っ越し直後の網が同じ場所で継続的に張られた網よりも小さくなるのは，そんな理由があるのかもしれない．

理屈はともかく，エサがいるかどうかはっきりしない場所で小さな網を張るというやり方は，運悪くエサがいなかったときの赤字を小さくする効果があると考えられる．これは，企業が新しい商品を売り出したり新規事業に乗り出すときに，安価なアンテナショップをまず作って，新しいやり方がうまくいくか，試してみることに似ている．

2.4 クモのお引っ越し

エサが獲れないと引っ越しする．この行動は，エサ量の多い場所を見つけるために役立つだけでなく，今いる場所でエサが獲れなくなったときにも役に立つ．「動物がいつエサ場を捨てて別の場所に移る（引っ越す）のか？」という問題は，鳥のように動き回ってエサを獲るタイプの動物を主な対象として，理論的なものも含めてあまたの研究が行われてきた古典的なテーマである．これらの研究の前提は，一定の場所でエサを獲り続けていると，次第にエサが見つけにくくなっていくことである（その原因の1つが，エサが食べられることで数が減っていくことだ）．これは，エサを食べる速さ

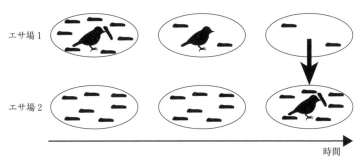

図 2.4　非まちぶせ型の動物のエサ場移動についての古典的理解
同じ場所でエサを探し続けていると，次第にエサを捕まえにくくなるため，一定の時間が経てば，エサ場を移動させると考える．

（食べた量を，食べるのにかかった時間で割った値）が次第に小さくなっていくことを意味する．そのため，ある程度の時間1つのエサ場に留まったら別の場所に移動するのが効率よくエサを食べる方法となる，というのがこれらの研究の基礎となる考え方である（**図 2.4**）．ここから，エサ場を移動するためにかかる時間が長いほど，またその場所に最初にあったエサの量が多いほど，エサ場に留まる時間を長くすべきである，というルールが導かれる．

　ところが，このような古典的な研究成果を，まちぶせでエサを獲る動物に当てはめるのは適切でないかもしれない（Beachly *et al.* 1995）．まちぶせ型の動物は周辺からやってくるエサを狙うので，同じ場所にい続けてもエサが獲りにくくなるとは限らないからだ．むしろ捕食者の行動とは関係ない理由で，獲れるエサの量が変わると考えるほうが自然である．加えて，円網を張るクモでは，引っ越しできるタイミングが，網を張り直すときに限られる．そのためエサの量が少なくなったからといってすぐに移動ができるわけではない．このこともクモの引っ越しに古典的な研究成果を当てはめにくい理由の1つである．

では円網性のクモはどうすればよいのだろうか？　単純に考えれば，今いる場所で獲れると期待できるエサ量と，引っ越したときに新しい場所で獲れるだろうエサ量を比較して，その差が移動にかかるコスト（今いる場所で網を張るのにかかるコストと，引っ越し後に網を張るのにかかるコストの差も含む）を上回れば引っ越せばよいということになる．

この考え方を移動のコストから検証した研究がいくつかある．前章の最後で触れたように，網を定期的に張り替える円網性のクモと比べて，網の張り替えをせず壊れた部分を補修して使い続けるサラグモやタナグモでは引っ越しの頻度が小さい (Janetos 1982; Tanaka 1989)．また，同じ円網性のクモでも，網にゴミをリボン状に飾って引っ越しの際にそれを持ち運ぶゴミグモは，持ち運びをしないギンメッキゴミグモと比べて，同じ場所を長く使い続けることがわかっている (Nakata & Ushimaru 2004)．

2.5 ノイズのある世界で生きる

引っ越しするかどうかは，引っ越し後のエサ量の増加と移動のコストの大小に基づいて決めるべし．この理屈は，見たところ筋が通っているように思われる．しかし，これは本当に実行可能だろうか？　1つの問題が，引っ越し後に網を張る場所で，どのくらいエサが獲れるのか，クモにはわからないことだ．この問題への解決策が，引っ越し後のエサ量を，クモの棲む生息場所で獲れるエサ量の平均値とすることである．理論的には，これによってエサから得られる利益が最大になることがわかっている．そして，クモは必ずしもこの平均値を知っている必要はないと考えられる．クモが，たとえば「1日に獲れたエサが5個体より少なければ引っ越しする」というような閾値（この場合は5個体）に基づく行動ルールをもって

いれば，自然選択の結果，この閾値が平均値と一致することが期待されるからだ．

　より重要な問題は，今網を張っている場所でどのくらいエサが獲れるかさえ，正確に知るのは簡単ではないことだ．エサを獲ってみた結果が，その場所のエサ量を正しく示しているとは限らないではないか．本当は 10 個体のエサが獲れるはずの場所で，たまたま運が悪く 1 個体も網にかからないこともあれば，2 個体しかいないエサが運よくすべて網にかかることもあるだろう．網にかかったエサの数からその場所のエサ量を知ろうとすることは，全体から一部を標本として抽出（サンプリング）して全体の推定を行うことと同じだ．そしてサンプリングには誤差がつきものである．

　誤差を小さくするためにはサンプリング回数を増やす必要がある．しかし，1 日にエサと出会う回数が大変に少ないのがクモの特徴である．先に説明したように，ゴミグモではおおよそ 1 日に 10 個体程度のエサを獲っていたが，これは円網性クモの中では多いほうかもしれない．ギンメッキゴミグモでは，夏には 1 日平均約 2 個体程度のエサしか獲れていない（Nakata & Ushimaru 1999）．またタイリクキレアミグモ（*Zygiella x-notata*）でも 1 日に獲れるエサは平均 1.7 個体程度という報告がある（Venner & Casas 2005）．クモの場合，1 日エサを獲ったとしても，サンプルとしては不十分な数しか得ることができなさそうなのだ．これでは，たとえばある 1 日にエサがまったく獲れないことがあったとして，その場所にエサがいないためなのか，それともエサはいるけれどもたまたまその日はエサがこなかったのかを区別できない．

　1 日で足りないなら，2 日使えばいいじゃない．いや，3 日でも 4 日でも，使えるだけのサンプリング情報を使えばよい．そうすれば，引っ越しすべきかどうか，より正確に判断できるはずだ．けれ

どもそれには，昔の経験を覚えていなければならない．そんなことが小さなクモにできるのだろうか？　どうやれば，クモが記憶を使っていると確かめられるだろう？

　私と丑丸さんはこう考えた．ある日，エサが獲れなかったとしても，それまで食えていた過去の経験があれば，軽々しく引っ越すべきではないとクモは判断するだろう．しかし，クモはいつでも過去の経験を利用できるとは限らない．引っ越しした直後は，1日エサを獲っただけで，さらに引っ越すかどうかを決めなければならない．ということは，クモが同じようにエサが獲れない1日を過ごしたとしても，継続して同じ場所で網を張っていた場合よりも初めて網を張った場所でエサが獲れなかったときのほうが，引っ越ししやすくなるはずだ．後者では，「エサが獲れなかった」ということが唯一の判断材料になるからだ．

　で，実際にギンメッキゴミグモを使ってこのような実験をしてみると，予想どおり，引っ越ししたばかりのクモは，次の日もう一度引っ越しすることが多かったのだ．そして，野外での引っ越しパターンを観察しても，同じ結果が得られたのである (Nakata & Ushimaru 1999)．さらに，エサ昆虫の量が時間的空間的にどのように変動しているかを実際に野外で計り，そのデータに基づいて作った仮想のエサ空間で，やはり仮想のクモにいろいろな方法を用いた引っ越しをさせるというシミュレーションを行ったところ，過去の経験を利用して引っ越しするかどうか決めることが，エサをたくさん食べることにつながるという結果が得られた (Nakata *et al.* 2003)．つまり記憶をもつことは適応的だと考えられる．これらのことから私は，クモは引っ越しするかどうかを長期間の経験に基づいて判断している，と考えている．

2.6 網を使った情報獲得戦術

　経験からエサ量を推定する際には誤差が避けられないが，この問題に対処する方法はもう1つある．それは大きな網を張ることである．サンプリングを時間方向に広げるのではなく，空間方向に広げるわけだ．とはいえ，先にも書いたように，網は大きく張ればよいというものではない．大きすぎる網では，周辺にかかったエサを取り逃がす可能性が高くなるので，造網のコストに見合うほどの収益が上げられなくなるからだ．とはいえ，エサの取り逃がしがまったくの無駄になるわけでもないだろう．逃げたエサでも，エサがいたという情報をクモに与えてくれ，周囲の状況をより正確に知ることに導いてくれるからだ．

　とはいえ何かを知ることが，いつでも誰にでも同じメリットを与えてくれるわけではない．私の場合，今年の流行色を教えてもらってもキョトンとするだけだが，流行が知りたくてファッション雑誌にお金を投じる人もいる．クモだって同じだろう．エサの量を正確に知ることが，すべてのクモに同じメリットを与えているわけではあるまい．そして網を大きくすれば誤差を小さくできるといっても，そこにはコストがかかってくる．であれば，エサの量を正確に知ることが得になる場合にだけ，クモは網を大きくするのではなかろうか(Mori & Nakata 2008)．

　ゴミグモとギンメッキゴミグモ（**図 2.5**）を使えばこの仮説を検証できる．上でも書いたように，ゴミグモは，網に飾ったゴミを持ち運ばなければならないために，定住性が高い．そのため網を張っている場所について正確な知識を得れば，それを長く使うことができ，大きな利益を享受できるだろう．一方，頻繁に引っ越しするギンメッキゴミグモでは，今使っている場所のエサの量を正確に知っ

図 2.5 a) ゴミグモ (*C. octotuberculata*), b) ギンメッキゴミグモ (*C. argenteoalba*) → 口絵 4 参照

たとしても,すぐに別の場所に引っ越してしまうので,その知識は無駄になってしまう.つまり,ゴミグモはギンメッキゴミグモと比べて,エサの量を正確に知る必要性がより高いと考えられる.

こう考えると,ゴミグモはギンメッキゴミグモよりも大きな網を必要とする,という予測が成り立つ.そして,2 種の違いは,引っ越しした後に新しい場所で網を張るときに特に顕著だろう.過去の経験がまったくないところでは,一度のサンプリングが推定の正確さを大きく上げるが,すでにある程度の経験の蓄積があるところでは,1 回サンプリング回数を増やしてもそれほど正確さは向上しないからだ.

しかし,この予測を真正面から確かめるのはなかなか難しい.ゴミグモとギンメッキゴミグモは種が違い,体のサイズやエサの種類,活動季節や卵から成体になるまでの期間などなど,さまざまな生態的な特徴が違っている.網の大きさを直接比べて違いを見つけ,ほらこれが 2 種で正確な知識の必要性が違っている証拠だよ,

と訴えたとしても，おそらく誰にも信じてもらえない．私だって誰か他の人がそんな主張をしたとしたら一笑に付すはずだ．何か工夫が必要である．

ここで役に立つのが，新しい場所で小さな網を張るというギンメッキゴミグモの性質だ．通常の網を基準にして，引っ越し直後に網をどの程度小さくするかを調べれば，種間で生態が違っていたとしても，2種が網の大きさを決めるやり方を比べることができるはずだ．ゴミグモは，ギンメッキよりも大きな網を必要とするので，引っ越し直後もあまり網を小さくしないに違いない．いや，ことと場合によっては，網が大きくなっている可能性さえある．ということで実際に測ってみると，案の定，ゴミグモは引っ越した直後もいつもと変わらぬ大きさの網を張っていた（**図 2.6**, Nakata & Ushimaru 2004；ギンメッキの結果を示した図 2.3 と比べるとわかりやすい）．ギンメッキとは違って網を小さくしたりはしなかったのだ．このことから，クモの網の作り方を理解するには，ただエサ

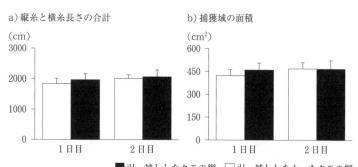

図 2.6　ゴミグモにおける引っ越しが網の大きさに与える影響

図 2.3 で示したものと同じ実験をゴミグモで行ったところ，引っ越しの影響は何も見られなかった（Nakata & Ushimaru 2004 のデータを使ってグラフを作成した．エラーバーは標準誤差）．

を獲ることだけ考えていればよいのではなく,彼らが網を使ってどのように環境を認識しているか,という視点も必要だといえる.動物の世界では,食べることと知ることは分かちがたいことなのかもしれない.

誘いこむ

3.1 エサをだますテクニック

　小学生の頃，剣道を習いにいっていた．いや，いかさせられていた．正面からぶつかって勝ち負けを競うとか，大声を上げて気合いを入れるとかは今でもどうも苦手なのだが，子どもの頃は親のいうことに逆らえるわけもなし，重い防具を抱えてとぼとぼ道場に通ったことを覚えている．そんな剣道だが，私が得意なのは小手抜き面という技だった．本当なら竹刀を相手の真正面に向けて構えるべきところ，ほんの少し，気づくか気づかないかくらいわずかに竹刀の先を左にずらす．すると，相手からはこちらの右手にスキがあるように見える．そこで小手を狙ってきたらしめたもの．こちらは備えているわけで，両手を振り上げて相手の竹刀をかわす．空を切った相手の竹刀は下に向き，こちらが竹刀を振り下ろせば，相手の頭にピタリと決まり一本である．子どもだましなのだが，なにせ当時は子どもだったのだ．

思えばこれはまちぶせだ．同じように待つにしても，相手をこちらの懐近くまで飛びこませることができれば，首尾よく襲いかかれるというものである．まちぶせ型の動物の中にも，このようなテクニックを使うものがいる．たとえばワニガメ．赤い舌をチロチロと動かして，エサと間違えて寄ってくる魚に襲いかかるやり方は有名だ．

　クモはどうだろう？　昔の円網のイメージは，飛び交う虫の流れに差しこんで，網目より大きなエサを残さず濾しとるフィルターのようなものだった．ここでは，網の役割はあくまで受動的なものだ．円網の，密に編まれて規則正しく見事に並んだ網目を見ると，これはさぞかし優秀なフィルターだろうと思いたくなる．エサが逃れられる可能性なんて万に一つもないと人々が考えたのも無理はない．

　けれどエサだって生き物だ．空気清浄機のフィルターに引っかかるほこりのような，単純で意志をもたない存在ではない．自らエサを食べ，危険を避けて，たくさんの子を残すための能力を備えている．実際，ショウジョウバエのような小さな昆虫であっても，空中にある物体を目で見つけ，ぶつからないよう避けながら飛ぶのは朝飯前だ（Maimon *et al.* 2008）．網目の隙間を通り抜けることさえする．こんなエサを相手にしているのだから，網は，ただどこかに張っておけばそれで済むようなものではない．現在では，クモがさまざまな仕掛けを使って，たくさんのエサが網に飛びこんでくるよう工夫していることがわかっている．クモは私たちが素朴に考えているよりも，ずっと能動的なのだ．

　網を目立たなくして見つかりにくいようにすれば，エサが網を避けるのは難しくなるだろう．昆虫は紫外線領域の光を見ることができる．そして，地中に巣を作って暮らす原始的なクモが出す糸は紫

外光を反射するが，円網を作る糸は紫外光をあまり反射しない．このことは，糸の光反射が，エサの目をごまかす働きをもつよう進化してきた証拠だと考えられている (Craig et al. 1994). また，糸は直径数 μm と極めて細い．このことも，網を目立たなくさせている．一方，横糸に一定間隔でついている粘球は，光をいろんな方向に反射させ，糸を目立たせる．太陽の光を受けた網が輝いて見えることがあるが，これは主に粘球の効果のようで，実験的に粘球を洗い落とした網は，ミツバチから見つかりにくくなる (Craig 2003). 網目幅（隣り合う横糸の間隔）も目立つかどうかと関係している．横糸が細かく張られた網目幅の小さな網は，網目幅の大きな網よりも多くの光を反射するので，より目立つこととなる．そのため，ショウジョウバエは網目幅の小さな網を見つけて近づいてこなくなる (Craig 1986).

　昆虫の目の解像度は私たち人間ほど高くないので，物体を細かいところまで視認するためには対象に近づかなければならない．一方，網の糸が見える距離まで昆虫が近づいたときは，距離が近すぎて，網の一部が見えても全体を見ることはかなわなくなる．このことは，エサが飛行中前方に糸を見つけたとき，新しい進路に何があるか必ずしもわからずに回避行動をとることを意味している．これを利用していると考えられているのがカラカラグモの1種 *Epeirotypus* sp. だ．このクモの円網は，その中心から網の平面と垂直に1本の糸が張られており，クモはその糸に張力をかけて，網を円錐状に変形させている（**図 3.1**）．ここで円錐の底のほうからエサが近づいてくると，まず網の周辺部が目に入ることになる．しかしそのとき，奥まった方向にある中心部はエサには見えていない．これはエサからは網に空いた穴のように見えるはずだ．そこでエサは穴に見える領域に向かって回避行動をとり，結果として隘路には

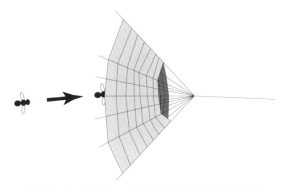

図 3.1 カラカラグモの 1 種が作る変形した円網の模式図
中心を糸で引っ張って円錐状にしている.

まると考えられている (Craig 2003). 加えてこのクモは, エサが近づくと網を引っ張る力を緩めることが知られている. こうすることで, 網自体をエサにぶつけることもできるので効果倍増である.

クモの中には, もっと積極的にエサをおびき寄せているものもいる. その 1 つの方法が, エサの食べかすを使うものだ. メキシコで見られるハグモの 1 種 *Mallos gregalis* (Tietjen *et al*. 1987) やオーストラリアやその周辺に分布するジョロウグモの 1 種 *Nephila edulis* (Bjorkman-Chiswell *et al*. 2004) は, 網にエサの食べかすを置いたままにする. この食べかすは, 微生物に分解されて匂いを発し, そこに醱酵したものを好むハエがおびき寄せられるのである.

食べかすを網に飾るクモといえば, これまで何度も登場してきているゴミグモ属のクモが有名だ (図 2.5, 図 6.2 参照). このクモの名前は, 食べかすだけでなく, 自分の脱皮殻, 落葉といったさまざまなゴミを網に飾ることに由来している. 飾り方は種によって違っており, 網の上部から中心を通って下部に向かって直線状に並べる

もの（ゴミリボン）と，中心から上または下方向の1ケ所ないし数ケ所に固めて置いておくものとが見られる．ゴミグモのようにゴミリボンの中に卵嚢を産みつける種類もいる．このようなゴミグモの仲間では，トゲゴミグモ（*Cyclosa mulmeinensis*）でゴミリボンのついた網にエサがたくさんかかっていたという野外観察の報告があるので（Blamires *et al.* 2010; Tan & Li 2009），ここでも食べかすの匂いが関与している可能性はある．一方，ゴミリボンがあるとエサがかかりにくくなることを示す報告もある（Blamires *et al.* 2010; Kondo *et al.* 2012）．

3.2 誘うために目立つ

視覚的なおとりを使うクモも多い．円網の中心付近には，糸でできた白帯と呼ばれる飾りがついていることがしばしばある（**図3.2**）．これがおとりである（以前，白帯はクモがその背後に隠れるためのものと考えられており，隠れ帯と呼ばれていた．しかし近年では，白帯にはおとりを含めてそれ以外のさまざまな役割があることがわかってきた．そのため隠れ帯という名称は使われなくなりつつある）．白帯には，X字状，直線状，ジグザグ状，渦巻き状，円板状のようにさまざまな形のものが見られる．また必ずしも種によって形が1つに決まるわけではない．同じ個体が日によって違う形のものをつけることもあり，また成長によって白帯の形が変わる種もいる．そして，白帯を網にもつ種でもすべての個体が白帯をつけているというわけではなく，つけない個体もしばしば見られる．

白帯は昼行性のクモの網だけに見られることから，何か視覚的なアピールの役割を果たしていると考えられている．網を張るクモが優れた視覚をもたないことを考えると，アピールの相手は昆虫や鳥など，クモではない動物のはずだ．そして，エサ昆虫に対してのア

図3.2 さまざまな白帯

a) 渦状：ウズグモ（*Octonoba varians*），b) X字状：チュウガタコガネグモ（*Argiope boesenbergi*），c) 帯状：ナガコガネグモ，d) 円状：ギンナガゴミグモ（*Cyclosa ginnaga*）．→口絵5参照

ピールが，視覚的なおとりである．

　白帯の視覚上の特徴は，網の他の部分と違って紫外光をよく反射することだ（**図3.3**）．これでは，エサが網の存在に気がつきやすくなり，エサを獲る上で不都合になりそうなものだ．しかし，現実には，白帯のついた網はついていない網よりも多くのエサを捕らえる場合がある．また，白帯のついた網とついていない網を提示すると，エサは白帯のついた網のほうに飛んでいくという報告もある（Craig & Bernard 1990）．さらに，このようなエサの行動は，網を照らす光から紫外光を取り除くと見られなくなる（Watanabe 1999b）．これらのことから，白帯の1つの役割は，紫外光をたくさん反射して目立つことで，エサを網におびき寄せることと考えられている．

　なぜエサは目立つ白帯のついた網に近づいていくのだろう？　残

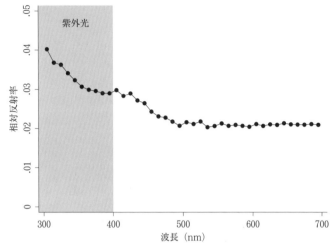

図3.3 ギンメッキゴミグモの白帯の反射スペクトル

波長が400 nmより小さい紫外光の領域で反射率が相対的に高いことがわかる．なお，相対反射率の値が小さいのは，ギンメッキの白帯が細く，測定時に反射する光の絶対量が小さかったためと考えられる．

念なことに，はっきりした答えはまだ得られていないが，エサが白帯のついた網を花だと誤認するというのが有力な仮説だ．花の中には，花びらの外側部分が明るく輝く一方で，中央部分は暗くなっている種類が見られる．私たちの目には全体が同じ色に映る花でも，紫外線で見ればやはり外側より中央が暗くなっている場合もある．これらはネクターガイドといって，花を訪れる昆虫に蜜や花粉のある中央部を示すものだと考えられている．ここでコガネグモのX字状の白帯のことを考えよう．コガネグモは，前2本の脚と後ろ2本の脚をそれぞれ揃えて体から斜めに突き出した姿で網の中央に座っており，白帯はその脚の先についていることが多い．この網全体を紫外光で見ればどうなるだろう？　後に書くように，クモの腹部も紫外線を反射しているので，中心部分は一部明るいところがある

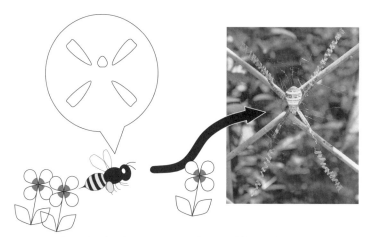

図 3.4 コガタコガネグモ（*Argiope amoena*）とその網は，ハチなどの昆虫からどう見えているだろう？ → 口絵 6 参照

ように見えても，それ以外の大部分は暗い領域に見え，そこから明るく目立つ部分が 4 本放射状に伸びているように見えるはずだ（**図 3.4**）．私たちほど解像度が高くない昆虫の目であれば，ましてや遠くから見るのであれば，これをネクターガイドを備えた花と見なすことも，あながちありえない話ではなさそうである．

ただし，この説にはいろいろ問題がある．X 字状の白帯は，脚の先だけについているとは限らず，中央まで伸びて完全な X 字になっている場合もある．これだとクモのいない側から近づくエサにはネクターガイドのついた花には見えないだろう．X の 4 本の腕が欠けて，3 本や 2 本になっていることもある．また，白帯に近づいていく昆虫には，ハエなど花とは関係をもたないものもいる（Watanabe 1999b）．加えて，白帯には X 字状以外にもさまざまな形があるわけで，これらがすべて花の形に見えるかというと苦しいところである．

これに関連して，白帯の形によって，エサをおびき寄せる能力が違っていることが報告されている (Cheng *et al.* 2010). この研究では，X 字状の白帯をつけるナガマルコガネグモ (*Argiope aemula*) を大きな枠の中に放して網を張らせ，その枠を 45° 回転させることで X 字状の白帯を十字状に変えたところ，エサがかかりにくくなったことが報告されている．私はたまたまこの話を学会で聞いたことがあるのだが，そのときの感銘は今でもよく覚えている．この研究のポイントは，それまであまり注目されてこなかった 1 つの問題に，シンプルかつエレガントなやり方で光を当てたことにある．それは，いろいろな形をもつ白帯の働きがいろいろなクモで皆同じなのだろうか？という問題だ．そしてこの問題には，私自身が行った研究 (Nakata 2008) も密接にかかわっていたのだ．

3.3 例外のない規則はない

私の研究といっても，元々は白帯の意味を明らかにしようというものではなかった．前章に書いたように，引っ越し直後のクモが網の張り方を変えることを私は知っていた．それならば，他にも網の張り方に影響する要因があるに違いない．そこで私は，いろいろな生態的条件を制御して，網の大きさや形にどう影響するかを調べていたのである．ここで紹介する研究はその中の 1 つで，クモ自身がエサとして捕食者に食べられるかもしれないときに，網の大きさや形がどのように変化するかを解明しようというものだった．

実験には音叉を使った．ピアノの調律のときにカーンと鳴らす，U 字型のあの道具だ．捕食者とは何の関係もなさそうに思えるがさにあらず．造網性のクモは視覚が優れない代わりに振動には敏感に反応し，足場の揺れや，空中を伝わってくる揺れ（音のことだ）に対して優れた感覚をもつ (Barth 2002, 第 5 章も参照)．そのた

め，音叉を鳴らして近づけてやると，クモは種によっていろいろな反応を示してくれる．自然観察会などで実演するのに，ちょうどよい題材である．たとえばナガコガネグモ（*Argiope bruennichi*）は，鳴らした音叉を近づけてやると，エサだと思って猛然と飛びかかってくる．一方，私がそのとき観察していたサガオニグモ（*Eriphora sagana*）は，同じ周波数の音叉であっても，網から飛び降りたり，前脚を威嚇するように大きく掲げたりと，まったく違う反応を見せる．こういう行動はクモが襲われたときに示す対捕食者行動の典型的なものだ（Cloudsley-Thompson 1995）．どうやらこのクモは音叉の音を捕食者の接近を示すものと認識するらしい．

クモを狩るハチの仲間にベッコウバチがいる．そのベッコウバチが1秒間に翅を羽ばたかせる回数は100回強から500回弱の間であることが知られている（Cushing & Opell 1990）．一方，私が使った音叉の周波数は440 Hzで（この周波数の音叉なら楽器屋で簡単に手に入る），ベッコウバチの翅音の周波数と重なっている．ということで，クモが音叉の音を聞いて，捕食者がきた！と誤認しても不思議ではないのである．一方，サガオニグモより体の大きなナガコガネグモであれば，ベッコウバチサイズのエサを食べることは難しくない．そのため，音叉に飛びかかるという反応を示したのだと考えられる．ちなみに私は，いろいろな周波数の音叉を入手して（低い音のものは手に入りにくく，私の場合特注の必要があった）サガオニグモに聞かせてみたことがある．すると50 Hzまで周波数が下がるとクモは対捕食者行動をまったく示さなくなった．クモはある程度は音の高さを聞き分けて自分の行動を決められるようだ．

さて私は，このサガオニグモを使って捕食者の影響を調べる実験を始めた．まずは野外で採集したクモを2つのグループに分け，実験室で網を張らせた．そして，この網の形を記録した後，片方のグ

ループで音叉を何度も鳴らしてはクモを脅かし対捕食者行動をとらせた．もう片方のグループでは何もせずそのままだ．その後，両グループのクモにエサを与え，翌日以降に網を張り直すのを待った．そして，網の形がどのように変わったかを調べたのである．

　ところで，この2つのグループのうち，後者のように実験するときに操作を何もしないでおくもののことを，対照群といったりコントロールといったりする．一般に実験では，対照群を上手に決めることがとても大事だが，今回の実験でなぜ対照群が必要かピンとこない人もいるかもしれない．実験室で最初に張った網と音叉で脅した後に張った網を比較すればよさそうに思えるからだ．しかし，最初に張った網は，クモにとって引っ越し直後の網のようなもののはず．前章の話からすれば，この網は通常より小さくなっていると想像される．というわけで，単純に脅かしの前後で網の形を比べるのはあまりよい方法ではない．こういうときは観察の次元を上げて比較する．すなわち，網の形そのものを比較の対象にするのではなく，脅かし前後で網の形に生じた変化を比べる．そのために対照群が必要なのだ．

　さて問題は白帯である．サガオニグモも昼行性のクモで，こしきの上下に直線的に伸びる帯状の白帯をつけることがある（**図3.5**）．当時は，白帯のエサおびき寄せ機能について，支持する研究が次々と発表されていた頃で，私もそのような論文をたくさん読んでは，なるほどなぁと感心していた．そのため当時は，サガオニグモの白帯も当然エサをおびき寄せているはずで，音叉を聞かせても白帯には何も影響は出ないだろうと信じて1ミリも疑うところがなかった．とはいえ私は，形を記録するためにすべての網の写真を撮っていた．これを使って白帯のサイズ（サガオニグモの場合は帯状になっている部分の総面積で表す）を測るのにたいした手間はかからな

図3.5 サガオニグモ（*Eriophora sagana*）と，帯状の白帯　→ 口絵7参照

い．論文を書くときの賑やかしにでも使おうか，と邪な心を抱きつつ，念のため白帯サイズを測定してみた．

　すると，あにはからんや，白帯のエサおびき寄せ説ではうまく説明できないデータが出てきてしまったのである．対照群ではわずかに小さくなった白帯の面積が，音叉で脅かしたクモでは約1.5倍に拡大したのだ（**図3.6**）．白帯もたんぱく質の糸でできており，作るには材料面でのコストがかかる．そのコストをかけてでも白帯を大きくするということは，そこには何かメリットがあるはずだ．音叉を聞かせたクモは捕食者がきたと誤解していろいろな行動をとったはずだ．だから，白帯を大きくするメリットは，捕食者から身を守ることにある，と考えるのが自然だ．

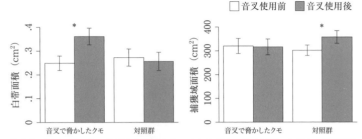

図3.6 音叉で脅かして対捕食者行動をとらせたサガオニグモが張った網と，対照群として音叉を用いなかったクモの網との違い
音叉使用前は網と白帯の大きさに違いはなかったが，使用後は脅かされたクモでは白帯が大きくなり，対照群で見られた網サイズの増加が見られなかった（Nakata 2008のデータを使ってグラフを作成した．エラーバーは標準誤差，$*p < 0.05$）．

　ということで私の研究は，当時流行りだったエサおびき寄せ説に異を唱えるものとなったのである．これは，思いもかけないことだったが，同時に棚からぼたもちでもあり，私は大喜びした．

　クモの行動をテーマにしたような基礎研究は，すぐに何かの役に立つとは限らない．このような分野で大事なのは，結果の新しさだ．すでに誰かが明らかにしていることをもう一度見つけたとしても，その価値はそれほど高くならない．そんなわけで，当時は，今さらエサおびき寄せ説を支持する証拠をもう1つ出したところで，注目されるわけでもないという状況だった．そして，元々の狙いであった，網の大きさや形に捕食者が与える影響，というテーマについても，実は何年も前に別のクモで同じような研究が行われており（Li & Lee 2004），私の出した結果はほぼ同じものだった（最初からそう予想していたのだが）．

　そこに，定説とは違う結果が出てきたのである．これはこの研究の価値を大きく高めてくれる！　小躍りくらいしてもバチは当たるまい．ちなみに，先行研究でも私の研究でも，捕食者のリスクがあ

ると網が小さくなっていた．これは，造網中は捕食者への警戒がおろそかになり危険だからだと考えられている．捕食者が近くにいると認識したクモは，捕食される可能性を減らすために網を大きくすることを避け，網を張る途中の危険な時間帯を短くしているのだろう（図 3.6, Li & Lee 2004; Nakata 2008）．

　この例のように，意図せぬ副産物として得られた結果のおかげで，思いもよらずよい研究ができてしまうことは科学の世界ではよくあることだ．これは，科学の本質的な面白さの1つが，驚きから生まれてくるからだろう．計画された研究目的に沿って粛々と予定どおりに得られた結果からは，驚きは生まれない．ということで，研究生活においては，よくわからないけど測っておけ，とか，脱線上等，とかの姿勢をもつことが大事だと私は思っている．

3.4 身を守るために目立つ

　閑話休題．白帯がエサのおびき寄せではなく，捕食者から身を守るために作られているというアイデアは，歴史的にいうと，白帯の役割を説明するもう1つの有力な仮説だった．しかし，当時はおびき寄せ説と比べてその当否を実験的に検討した研究は少なかった（Bruce 2006）．コガネグモの1種 *A. trifasciata* の白帯がベッコウバチから身を守るのに役立つことを示した研究が1つあっただけで（Blackledge & Wenzel 2001），逆に，目立つ白帯を手がかりに捕食者がクモに近づいてくることさえ報告されていたくらいである（Bruce *et al.* 2001; Li *et al.* 2003）．なぜこのような状況だったかというと，単純に調べにくかったからだろうと私は思っている．対捕食者仮説を確かめるための最もストレートで確かな方法は，白帯を人の手で取り除いてやって，クモが捕食者に食べられやすくなることを示すことだ．しかし，円網の上にいるクモが捕食されるシー

ンに野外で出くわすことは滅多にないので（私も片手で数えるほどしか見たことがない），このような実験をするのは現実的には大変だ．研究者だって，やりにくいテーマは後回しにしがちなものである．一方，私の研究は，この方法ほど直接的ではなかったとはいえ，実験を用いて対捕食者仮説の当否を確かめたもので，白帯研究の中で一定の意義をもつものだった．

とはいえ，私の研究には弱点があった．白帯の役割に関する2つの有力な仮説（エサおびき寄せ仮説と対捕食者防御仮説）のうち，片方しか扱っていなかったことだ．対捕食者機能があることはエサのおびき寄せ機能がないことを意味しない．実はサガオニグモの白帯もエサのおびき寄せが主な役割で，対捕食者機能はあったとしても重要ではないかもしれない．こう攻められれば，ぐうの音も出ないではないか．こういうところが，偶然手に入れたデータの弱いところである．

弱点があるなら，それを補ってちゃんと計画した研究をすればよい．ということで，私は音叉実験を拡張することを思いついた．サガオニグモのときと同じく音叉を使い，その上で，脅かしたクモと対照群のクモの両方をさらに2つに分けて，それぞれ片方にはエサを与え，片方には何も食べさせない，という実験をするのだ．白帯のサイズが音叉に反応して変われば対捕食者説が，エサの有無に反応すればおびき寄せ説が確かめられる，という理屈だ（両方に反応する可能性も考えられる）．実験にはサガオニグモではなくギンメッキゴミグモを使った．サガオニグモを使って，やっぱり対捕食者機能しかありませんでした，という結論になったら，新しく得られた知見がほとんどないことになる．一方，別の種を使えば，どんな結果になっても，少しは知見を増やせることになる．我ながら，いじましい目論見だ．ちなみにギンメッキゴミグモは，ゴミを網に飾

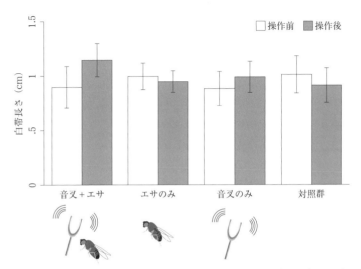

図 3.7 ギンメッキゴミグモの白帯の長さと,音叉で脅かされた経験およびエサを食べた経験との関係
音叉で脅かされた後,白帯は長くなったが,エサを食べたことによる白帯への影響は見られなかった(Nakata 2009 のデータを使ってグラフを作成した.エラーバーは標準誤差).

ることもするが,こしきの上下に直線状の細い白帯を伸ばすこともある.

　で,結果である.白帯のサイズ(この場合は長さ)は,音叉で脅かされたクモでは大きくなったが,エサを食べさせても変化はしなかった(**図 3.7**).ということは,ギンメッキゴミグモの白帯は捕食者から身を守るためのもので,エサのおびき寄せのためではない,と,主張できそうだ(Nakata 2009).実際,私はのちに,いろいろな長さの白帯をもつギンメッキゴミグモの網を野外で観察し,獲れたエサの量を比べることで,自然条件下でも白帯がエサのおびき寄せには役立っていないことを確かめている(Nakata & Shigemiya

2015).

　そんなこんなで，私は，白帯の役割について多数派とは違う結果を報告することとなった．とはいえ，おびき寄せ説を支持する証拠が間違っているとも思えない．そんな折，ふと私が読んだ論文に，X字型の白帯ではエサおびき寄せ説の証拠があるけれど，対捕食者防御を支持する研究で対象になっていたコガネグモの1種 A. trifasciata の白帯は直線状である，という記述を見つけた (Cheng & Tso 2007)．そして私が研究した2種のクモはどちらも直線状の白帯をつけている……．

　そこに，X字状の白帯を45°回転させるとおびき寄せ能力が低下する，という話が出てきたのである．垂直に走るギンメッキの白帯がおびき寄せ機能をもたないのも同じことではないか？！　そこで私はあらためて先行研究を精査してみた．すると，実験的な手法を使って確実な結果を得た研究では，おびき寄せ説を支持したり対捕食者説を否定するものに直線状の白帯をつける種を対象にしたものはほとんどなかったのだ (中田 2015)．やはり白帯は，形によって違った役割をもっている．では，直線状の白帯はどんなメカニズムでクモの安全性を高めているのだろうか？　この答えはまだわかっていないが，クモの上下に伸びる目立つ白帯が，クモがいる場所をわかりにくくさせている，というのが1つの可能性だ．

3.5　目立つ体で誘いこむ

　現在，白帯のおびき寄せ説は次なる展開を見せている．「白帯が目立つことでエサを引きつけているなら，クモ本体だって同じじゃないのか？」というアイデアが注目されているのだ．黄色と黒の縞模様をもつコガネグモを筆頭に，カラフルで目立つ色を体にまとったクモは多い．そしてそのようなクモの多くが昼行性であ

り、その中には、オオジョロウグモ（*Nephila maculata*）のように体が紫外線を反射する種がいることもわかっている（Tso *et al.* 2002）。これらから、クモの目立つ体の色と白帯の役割が同じである可能性が否が応でも頭に浮かんでくる。ということで、21世紀以降、目立つ体色にもエサをおびき寄せる働きがあることを示す、たくさんの研究が行われてきた（Théry & Casas 2009）。最近は研究対象のクモも広がりを見せており、夜行性のコゲチャオニグモ（*Neoscona punctigera*, Blamires *et al.* 2012）や、徘徊性のハシリグモ（*Dolomedes raptor*, Lin *et al.* 2015）でさえも、目立つ体でエサをおびき寄せていることが報告されている。

少数ながら、体の色がおびき寄せ機能をもたない例が報告されている（Gawryszewski & Motta 2012; Václav & Prokop 2006; Vanderhoff *et al.* 2008）ことも、白帯の場合と同じだ。私自身もギンメッキゴミグモの目立つ体色がおびき寄せに効いていないことを報告している（Nakata & Shigemiya 2015）。再びの少数派宣言である。

ギンメッキゴミグモの腹部は、背中側がその名のとおり銀色に光っている。一方背面には黒い斑点もあり、そのサイズが個体によって違っている（**図3.8**）。つまり、体の色に大きな個体間変異が見られるのだ。黒色部の小さい個体では、全体の20％ほど、背中の周辺部のみが黒色だが、大きい個体だと背面がほぼ黒一色に染まる。こうなるとクロメッキゴミグモである。銀色部はやはり紫外線を反射しているので、ギンメッキゴミグモでは個体によって目立ち度合いが違うのである。で、私は性懲りもなく定説どおりに、よく目立つ銀色個体は、より多くのエサをおびき寄せているはず、と思いこんでいた。ところが実際に野外で観察してみると、黒みの強い個体のほうがエサをたくさん獲っているようなのだ。はてはて？と思

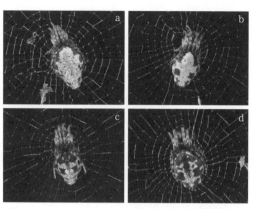

図3.8 ギンメッキゴミグモに見られる体色の個体間変異

い．T字管を使って銀色の強い個体と黒みの強い個体をエサのショウジョウバエに示してみると，ショウジョウバエは黒い個体のいる側に多く向かった（Nakata & Shigemiya 2015）．つまり，多数派がいう「クモは目立つ体色でエサをおびき寄せている」という説と，またもや逆の結果だったのである．ショウジョウバエは飛んでいるときに他の個体とぶつかるのを避けるため，空中に浮かぶ点状の物体を見ると回避行動をする性質をもっているらしい（Maimon *et al.* 2008）．ギンメッキゴミグモのような小さなクモが目立つ姿をしていると，ショウジョウバエに発見されて，近くまで寄ってきてもらえなくなるのだろう．

定説と違う結果は研究の価値を高めてくれるものなのだが，一方で，論文を公表しようとするときに，その可否に大きな影響力をもつ，査読者と呼ばれる人々になかなか納得してもらえないことにもなる．痛しかゆしである．この研究も，論文を書き終えてから出版が決まるまで1年半もかかった難産プロジェクトだった．

ということで，クモの中には目立たないことでエサの目をごまか

すものもいれば，体色と白帯を使って目立つことでエサをおびき寄せているクモもいることがわかってきたというのが現状だ．どちらの方法をとるにしろ，近づいてきたエサが回避に失敗して網に接触すると，クモのエサ食い行動は次のステップに移ることになる．エサをおびき寄せるのは網とクモの共同作業だが，次のステップではもっぱら網が主役になる．

止める

4.1 円網の 2 つの役割

　エサが網に衝突する．このときに網が果たす役割は主に 2 つある．1 つは，飛んできたエサの動きを止めること．もう 1 つは，動きを止めたエサが逃げないようその場にしばらく留めておくことだ．放射状に張られた縦糸と，螺旋状に張られた横糸から構成される，円網の捕獲域がこの 2 つの役割を担う．

　縦糸と横糸は糸の性質が異なっている．どちらの糸にも弾力性があり，引っ張れば伸びていくことは同じだが，このときに必要な力（糸にかかる張力と同じ）と伸びの大きさとの関係は同じではない．縦糸の場合，少し伸ばすのにも力をかけなければならず，糸が長く伸びるほどに，必要な力はどんどん大きくなっていく．一方の横糸は，最初はほとんど力をかけなくても伸びていく．そして伸びが大きくなってからでも，糸にかけなければならない力はそれほど大きくならない．また，糸には弾力性があるといえども，引っ張り続け

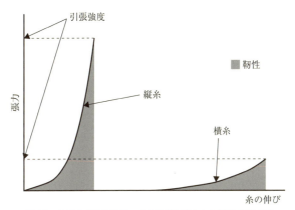

図 4.1 クモの糸における，糸の伸びと張力との関係の模式図

ていればいつかは切れる．そのときに糸にかかっている力は引張強度と呼ばれ，縦糸のほうが横糸より大きい（縦糸を切るには横糸よりも大きな力が必要ということである）．一方，横糸は縦糸と比べて，切れるまでに長く伸びる．つまり，縦糸は強さと伸びやすさを兼ね備えた糸で，横糸は伸びに特化した糸だ．このような糸の伸びと力の関係を曲線で示したのが**図 4.1**である．

この糸のよく伸びる性質が，飛んでいるエサの動きを止めるための鍵の1つだ．網に衝突したとき，エサは運動エネルギーをもっている．エサの動きが止まるのは，この運動エネルギーが0になるときである．このためにエサの運動エネルギーは，他のエネルギーに変わらなければならないが，その役割を担うのが糸の伸びだ．運動エネルギーは，エサを受け止めて伸びる網の糸に蓄えられる，弾性エネルギーに変わるのである．

クモの糸は「自然界最強である」としばしばいわれる．この意味は「エサのもつエネルギーを受け止める能力が高い」ということで，破壊のために必要な力（引張強度）が大きいのではないことに

注意が必要だ．引張強度でいうと，断面積を同じにした場合のクモの縦糸の強さは鉄と同程度にすぎず（それでも十分強いのだが），飛行機の材料としても使われる炭素繊維にはかなわない．しかし，鉄や炭素繊維は伸び縮みをあまりしない「硬い」素材だ．こういう素材は，動かないものを支える役割には向いているが，網を作る材料にすべきではない．鉄でできた網ならば，大きな運動エネルギーをもった物体が衝突すると壊れてしまうだろう（運動エネルギーは破壊の際に熱エネルギーに変わる）．一方クモの網は，糸の伸縮性のために，壊れることなくエネルギーを吸収できるのだ．

4.2 動きを止める縦糸の特徴

縦糸・横糸のそれぞれが吸収できるエネルギーの量（靭性）は，図 4.1 では，それぞれの曲線と x 軸の間の面積で表される．これを比べれば，靭性は横糸に比べて縦糸のほうが大きいことがわかる．エサの動きを止めるために重要な働きをするのは，縦糸ということである．横糸は大きく伸びるのだが，そのための力はわずかしか必要としないので，エネルギーを取り除くという点では貢献が小さい．

さて，衝突したエサが糸を伸ばし，網の変形が大きくなるにつれ，エサの運動エネルギーはどんどん小さくなり，伸びた糸に蓄えられる弾性エネルギーは大きくなる．そして運動エネルギーが 0 になったとき，糸の伸びは最大となり，エサの動きは止まる．が，ここで話は終わらない．伸び切った糸に働く張力は，今度は糸を縮ませ，網は元の形に戻ろうとするからだ．するとエサは，縮もうとする糸に押し返され，どんどんと加速する．

もし，糸が完全な弾性体であれば，網が元の形に戻ったとき，糸が伸びたときにもっていた弾性エネルギーが，そっくりそのまま運

動エネルギーとしてエサに戻される.つまりエサは,衝突したときと同じ速さではね返されることになる.これでは元も子もない.もし横糸の粘着性によってエサが網から離れなかったとしても,今度は網が逆方向に変形し,伸び切った後にまた元の形に戻ろうとする.そして,同じことが繰り返され,網全体がトランポリンのように前へ後ろへと何度も弾み続けることになるだろう.

現実には,このようなことは起こらない.縦糸には,ヒステリシスと呼ばれる性質があるからだ.これが,飛んでいるエサの動きを止めるもう1つの鍵である.ヒステリシスとは,難しい言葉でいうと「糸をある状態にするために必要な力の大きさが,過去の状態によって違ってくること」を指す言葉だ.何のことかチンプンカンプンかもしれないので,具体的に説明しよう.ここに,長さ 10 cm のゴムひもがあったとする.これに力を加えていって 20 cm まで伸ばした場合と,同じ糸を一度 30 cm まで伸ばした後に力を緩めて 20 cm まで戻した場合を考えよう.「ヒステリシスがある」とは,この2つの場合でゴムひもにかかっている力の大きさが違うことを指す.引っ張って 20 cm にしようが,一旦伸ばしてから 20 cm に縮めようが,ゴムひもが元の2倍の長さになっているという点では同じである.違うのは過去の状態で,前者の場合,「20 cm より短い」状態から 20 cm になるが,後者の場合は「20 cm より長い」状態から 20 cm になる.これが,現在の状態は同じでも過去の状態が違っているということで,この2つの場合で必要な力の大きさが違ってくるのがヒステリシスだ.

このことがなぜ重要かというと,エサがもつ運動エネルギーは,エサになされた仕事量(力 × 距離で表される)と同じだけ変化するからだ.エサがぶつかって網の変形がピークに達するまでと,変形のピークから網が元の形に戻るまでとで,エサが移動した距離は

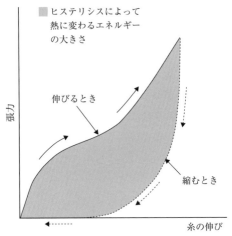

図4.2 クモの糸に見られるヒステリシス

同じだ.一方,エサにかかる力(糸の張力と同じ)は,網が伸びていくときのほうが元の状態に戻っていくときよりも大きくなる.このことは,エサが衝突していたときにもっていたエネルギーよりも,変形した網が元に戻るときにエサに戻ってくるエネルギーのほうが小さくなることを意味している(**図4.2**).具体的にいうと,網が一度変形して元に戻るまでの1サイクルで,最初のエネルギーの40〜70%程度が失われる(Kelly *et al*. 2011).このため網が元の形に戻ったときのエサの速度は,最初に比べると小さくなり,網が何度か振動するにつれて,エサのエネルギーは急速に減っていく(Sensenig *et al*. 2012).この振動では,網全体に空気抵抗も働くので,これもエネルギーが減ることに役立っている可能性がある(Lin *et al*. 1995)が,これがどのくらい重要なのかは諸説あってまだはっきりしていない.糸のヒステリシスによってエサから取り除かれたエネルギーは,最終的に熱となって環境中に放出される.

このような特徴的な性質をもつ縦糸だが、アミノ酸配列の繰り返し構造をもつ2種のたんぱく質が主な構成成分である。そのうちの1つ、MaSp1は、ポリアラニン（アラニンの繰り返し）配列、グリシン-アラニン配列、またグリシン-グリシン-X配列（Xは特定のアミノ酸のうち何か1つ）を多く含むたんぱく質だ。ポリアラニンとグリシン-アラニン配列の領域は、糸の強さを生み出す結晶性のβシートを作る。グリシン-グリシン-X配列は螺旋状で、分子内の結晶部分と非結晶部分をつなぐ働きをする。もう1つのMaSp2たんぱく質はポリアラニンと、βターンの螺旋構造を作るグリシン-プロリン-グリシン-（Xの繰り返し）という配列を多く含む(Gatesy *et al.* 2001)。プロリンはβシートを作りにくくする働きがあり、MaSp2は糸の伸びを実現する。縦糸を作る大瓶状腺で、両遺伝子がそれぞれどの程度発現するかによって、糸の強さとしなやかさとの兼ね合いが決まってくると考えられている。

4.3 エサを逃さない横糸

網が前後に変形しながらエサの動きを止めている間や、動きを止めた後クモがエサを襲いにくるまでの間、エサを網上に留める働きをするのが横糸である。横糸を作る鞭状腺たんぱく質は、グリシン-プロリン-グリシン-（Xの繰り返し）配列とグリシン-グリシン-X配列を多く含む。このたんぱく質は通常立体的に折りたたまれているが、力がかかると引き伸ばされて直線状に構造が変わる(Becker *et al.* 2003)。「ナノスプリング」とも形容される、この分子レベルの形の変化が、横糸の大きな伸びを実現するメカニズムだ。この伸縮性は、エサを逃がさないことに役立っている。糸が伸びることによってエサの暴れる力が吸収されるし、横糸がさらにエサに絡みつくことにもなるからである。

伸縮性に加えて，横糸がエサを捕まえておく上で重要な特徴が，糸の粘着性だ．この粘着性を実現するメカニズムには2通りあり，クモのグループによってどちらを使うかが決まっている．その1つが，ウズグモなどが採用しているものだ．この仲間は，出糸器官として，たくさんの穴が空いた板状の構造を腹部腹側にもつ．そして，糸を紡ぐときに，4番目の脚にあるくし状の部分で糸の表面をくしけずることで，多数の細い繊維をけば立たせる．こうして作られる糸のことを梳糸という．「梳」という字は，毛をくしでとくことを表している．

　この繊維が梳糸の付着能力の鍵になっている (Opell 1994)．梳糸に触れた物体をくっつけておく力の1つがファンデルワールス力だ．この力は，分子の中で電子の分布が一時的に偏りプラスの部分とマイナスの部分ができることから生じる，2つの物質を引き寄せる力である．ファンデルワールス力は分子同士の距離が近づいて初めて影響が出てくるような弱い力だが，梳糸のように細かい繊維が多数あると，一つ一つの繊維が及ぼす力が集まって，全体ではエサを逃がさないために十分な強さになる．魔法のようである．ちなみに，ヤモリの足にも細かな繊維状の突起がたくさんあって，梳糸とよく似た構造をしている．ヤモリが垂直な壁や屋根に張りつくことができるのも，ファンデルワールス力のおかげである．

　さらに，湿度が高く空気中に水分が十分あると，繊維とエサの間のわずかな隙間に水が入りこむ．このときに梳糸をエサから剝がそうとすると，繊維とエサとの間にあるひとかたまりの水を2つに分けなければならない．そこで水の表面張力がその邪魔をすることになる（水は表面張力の大きな液体だ）．毛管力と呼ばれるこの力も，エサが糸から離れていくことを妨げる (Hawthorn & Opell 2002)．

　粘着性を実現するもう1つのメカニズムが粘球だ．コガネグモや

オニグモ，ジョロウグモなどを含む多くの種がこのやり方を採用している．これらのクモは，横糸を紡ぐとき，糖タンパク質を多く含む粘着性のある液状物質で，糸の表面を覆う．するとこの物質は，横糸の中心となる糸の周囲に凝集して，球状になる．これが粘球で，10〜数十 μm 程度の径をもち，1 mm 長さの糸あたり数個〜数十個程度が規則的に並んでいる．

　粘球を備えた横糸をもつクモは梳糸をもつクモと比べて種数がはるかに多く，生態的により成功している．粘球によって横糸の性能が梳糸と比べて向上したことが，この成功の理由のようだ．どのくらい性能が高いかというと，粘球を備えた横糸は，体積あたりの粘着性が梳糸の 13 倍もあるということだ (Opell 1998).

　また梳糸では，エサとの接触部が長くなっても付着力はあまり変わらないが，粘球を備えた横糸は接触部が長くなるほど粘着力が向上するという特徴がある (Opell & Hendricks 2007). 梳糸では付着したエサが離れようとするとき，糸と接触部はほとんどの区間で平行なままである．このとき，最初に剝がれそうになるのは接触部の端で，ここで剝がれようとする力に抗する働きは，局所的なものに留まり中央部まで広がらない．そして，一旦端で糸が剝がれると，次々と中心部に向かって剝がれが拡大することになる．このため接触部が長くなっても粘着性が向上しないのである．せっかくたくさんの繊維で付着していても各個撃破されていては，多数の意味がないのだ．

　一方，液状である粘球は，横糸から物体が剝がれようとするときに，一つ一つが変形して細長く伸びる．この伸びは接触部の端ほど大きくなり，中央部で小さくなるので，横糸は物体の接触面に対して斜めに傾く．また横糸自体も伸びるので，糸には張力が生じる．この力は接触部中央にある粘球にも働き，これに抗する力が，接触

部の端に位置する粘球の粘着力に加わる．つまり，粘球を備えた横糸では，接触部が長くなると，多数の粘球が共同で剝がれようとする力に対抗する．そのため粘着力が向上するのである．

4.4 環境によって変わる，糸と網の性能

さて，クモは幅広い種類のエサを食べる何でも屋の捕食者だ．だが，これは効率よくエサを獲るという点では制約になる．エサの動きは種によってさまざまだからだ．ハチは小さい代わりに速く飛び，網に衝突したときは，一点に集中的に力がかかる．一方，バッタは大きくて網の上でもがくときの力は大きいけれども，網に飛びこむときの速度が遅い．この2種類のエサに対して最高のパフォーマンスを出すために網に要求される性能は違ってくるだろう．1つの網で，タイプの違うエサを捕まえようとしてもアブハチとらずになるかもしれないのだ．

もしクモの種によって狙うエサの種類が違っていれば，網の性能も変わってくるだろう．また，同じ種のクモであってもすべての個体が同じような環境に棲むとは限らない．環境が違えばエサが違うこともあるだろう．ということは，同じ種のクモでも，棲む場所によって違う特徴をもった網を張っているかもしれない．

実際，台湾のオオジョロウグモは，生息地によって違う種類のエサを食べており，縦糸のアミノ酸組成も棲む場所によって違っている．バッタ目を多くエサにする場所では，糸に含まれるプロリンの量が多いのだ．また，実験的にコオロギだけをエサとして与えたクモは，ハエを食べていたクモよりも，プロリンを多く含む糸を作る (Tso et al. 2005)．プロリンが多いと，糸はβターンを多く含むようになり，より柔軟性が高くなる．一方，別の実験では，コオロギを食べたクモは，ハエを食べたクモより太い糸を作った (Tso *et al.*

2007). 同じアミノ酸組成の糸であったとしても, 太さが違えば強度が大きくなる. この2つの研究は必ずしも結果が一貫していたわけではないが, 少なくとも, クモが状況に応じて糸の性能を変え, 網の性能を変えているとはいえるだろう.

糸の性能は, 物理環境にも合わせて調節されているようだ. トゲゴミグモは風の吹く環境では, 引張強度, 伸び率, 靭性, 粘球サイズがいずれも大きな糸を作る (Liao *et al*. 2009; Wu *et al*. 2013). 一方で, 糸の太さと粘球の数には風の影響が見られていない. これは, 風による網の破壊と, 粘球が乾燥することによる粘着性能の低下を防ぐための調整だと考えられている.

網の性能は, 糸をどのように配置するかでも変わってくる. 縦糸の本数を増やせばエサの動きを止める能力が高まるだろう. 横糸の密度を高めると網の粘着性が高くなる (Blackledge & Zevenbergen 2006). また捕獲域を広げれば, エサが網に衝突しやすくなる (Venner & Casas 2005). しかし, 縦糸や横糸を, 細かく密に張れば, それだけ光を多く反射し, エサが網を見つけて近寄ってこなくなるだろう. このことは, 縦糸を太くして靭性を高めたり粘球の数と大きさを増やして粘着性を高めた場合でも同じだと考えられる. これは, エサがかかりやすくなるような網の特徴と, かかったエサをうまく受け止め網上に長時間留められるような網の特徴との間には, あちらが立てばこちらが立たずのトレードオフ関係があることを意味している. トレードオフ関係は, 捕獲域の大きさと網の粘着性の間にもあると考えられる. 網を作る糸の量には限りがあって, 捕獲域を大きくするなら, 横糸の間隔を広げなくてはならないだろうからだ.

エサを獲るために網に課された2つの課題を解決するために, クモは2種類の糸を利用して, 円網を作っている. 網で首尾よくエサ

を絡めとるのに成功したら，そこからがクモの出番だ．いくら網が優れた性能をもっているといっても，エサだってそう易々と捕まったままでいるわけではない．クモは，哀れな犠牲者がもがいて網から脱出する前に，エサに襲いかからなければならない．そうして毒液を注入し，糸で巻き上げて消化することで初めて食事にありつけるのだ．そのためには，まずエサがかかった場所を見つける必要がある．それを可能にするクモの感覚は，次の章の話になる．

見つける

5.1 ホームセンターは宝の山

　クモの行動の研究というのはおよそ世間の役には立たないものだ．そんなわけで，私の研究生活は，あふれる予算とは無縁である．役に立つ学問分野のようにはいかない．そんな私の支えがホームセンター．安価な家庭用グッズをどうやって実験・調査に利用するか考えながら，消費文明の権化ともいえる商品棚の間を歩き回るのは至福の時だ．たとえば，私は小さなクモを生きたまま手術することがあるのだが，そのときに使う保定用具は紙コップ2つと食品用ラップ，輪ゴムで作る．1つの紙コップの底に穴を空けて，ラップで覆う．もう1つのコップの底にはクモを置いて，その上からラップをつけた紙コップで押さえつける．そして手術したい部分のラップに針で小さな穴を空けて，そこから作業する．ラップと紙コップも使いようである（**図5.1**）．

　これに限らず，一般に道具の使い方は必ずしも1つと決まったも

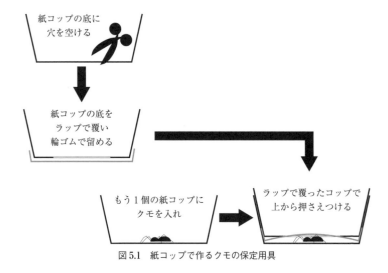

図 5.1　紙コップで作るクモの保定用具

のではないだろう．むしろ，資源を無尽蔵にもつわけではない私たちにとって，同じ道具をどうやっていろいろな用途に使い回していくかは，大事な生きる知恵といってもよい．ホームセンターがあれば，高い実験器具とかを買わなくてよいのだ．さすればクモでも同じようなことがあるかもしれない．クモにとって，円網はエサの動きを止め同じ場所に留めるための道具だ．この道具にそれ以外の役割があるのだろうか？

5.2　クモの機械感覚

　話は変わって「見つける」こと．鳥のように動き回ってエサを探す動物にとって，エサを「見つける」ことは，捕らえるための最初のステップだ．まちぶせ型の動物であっても，ヘビやトカゲのように罠を使わないものであれば，やはり最初にエサを見つけないと何も始まらない．対照的に，網を張るクモの場合，食べるためのプロ

セスの途中でエサを「見つける」．だから本書では，第5章でやっと「見つける」話が出てくる．もし，本書が動き回ってエサを探す動物のものなら「見つける」話はもっと前の章で出てくるはずだ．このような順序の違いはあるが，「見つける」ことが，食事をつつがなく行うために重要であるのは，まちぶせ型でも探索型の動物と何ら変わることはない．

「見つける」という言葉を使ってしまったが，これは正確にいうと「エサがいる場所を知る」という意味だ．網を作るクモは視覚が優れているわけではないので，実際にはエサを「見ている」のではない．彼らは代わりに，圧力を受けたり物が変形したりしたときにそれを検知する「機械感覚」を発達させて，周りの状況を感じとる．エサの場所もまた機械感覚によって知るのだ．

クモの優れた機械感覚は，複数の機械受容器（感覚器）によって実現されている (Foelix 2010)．その1つが体のいろいろなところに生えている触毛だ．触毛の根元は，柔らかい膜に取り囲まれた状態で，クチクラからなる外骨格に空いた穴に埋まっている．何かが触毛に触れると，その力がわずかだったとしても，根元が動く．すると根元で触毛の軸とつながっている神経が，動きに反応して発火し，情報を中枢神経に伝える．

毛状の感覚器には，聴毛と呼ばれるものもある．これは脚と触肢に生えており，音を検知する役割をもつ．聴毛は触毛と比べて数は少ないが極めて鋭敏で，1秒間に1mm程度といった，わずかな空気の動きでも，接続している神経を発火させる．また40〜600Hzという周波数の音に対して感受性が高い．この周波数は昆虫の翅音とおおむね重なっている．

網を作るクモは，徘徊性のクモと比べて聴毛の数が少ない．その代わり，クチクラには，幅1〜2μm，長さ8〜200μmほどの細い隙

間がたくさん空いている.隙間は膜で覆われており神経がつながっている.これは細隙器官と呼ばれ,クチクラに生じた歪みを検出して情報を中枢に伝える働きをする.この器官は体中に存在するが,特に脚に多く,関節部では多数が平行に集まって琴状器官となっている.脚が触れているものが動いて,脚にかかる力が変化すると,クチクラにわずかな歪みが生じる.琴状器官はこの歪みに特に感受性が高く,1 μm より小さな脚先の動きでも検出できることが,神経生理学的な手法を使った研究によってわかっている(Foelix 2010).

5.3 円網は感覚拡張装置

クモは網の上でエサを待っているとき,8本の脚を,こしきから網の外側に向けて放射状に広がる縦糸の上に載せている.網の上で,たとえばエサが衝突して,どこかに力がかかれば,糸のネットワークを通じて周りに力が伝わり,網が変形する.また衝突したエサが網から逃れようともがいたり羽ばたいたりしたときには,その振動が縦糸を震わせる.クモはこれらを脚の蹠節にある琴状器官によって検知し,網の上で起こっていることを把握する(図 5.2).

つまり,円網の上にいると,クモは自分が直接触れていないものでも「見つける」ことができるようになる.こう考えると,円網はクモの感覚世界を空間的に拡張してくれる道具でもあるといえそうだ.私たちが望遠鏡を使って遠くを見ているようなものだろう.やはり,円網の使い道は1つではないのである.

さて,網糸の振動には,糸の伸びる方向に揺れる縦振動,網の面に対して垂直に揺れる横振動,糸の伸びる方向に垂直で網の面に平行な方向に揺れる側振動,の3種類がある(図 5.3).この3つの振動は,網の中を伝わる様子とクモの感覚に与える影響がそれぞれ違

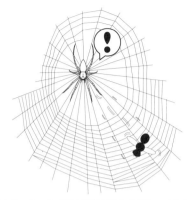

図 5.2 クモは網にかかったエサが出す振動が縦糸を伝わってきたことを脚で感じとる

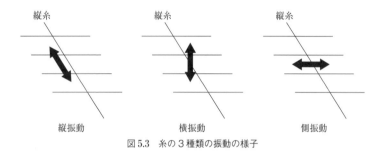

図 5.3 糸の 3 種類の振動の様子

っている．縦振動は，横振動や側振動よりも速く網の中を伝わっていく（Landolfa & Barth 1996）．また，横振動や側振動はクモの待つこしきに届くまでに減衰して揺れが小さくなるが，縦振動はほぼそのままの大きさでクモに届く（Masters 1984; Masters & Markl 1981）．そしてクモは，縦振動であれば横振動よりも小さな揺れに気づくことができ，また振動の大きさが同じであれば横振動よりも縦振動に気づきやすい（Klärner & Barth 1982）．

クモがエサを食べるには，その存在に気づくだけでなく，エサが

かかった方角を「見つける」必要がある．そのための1つの方法として，広げた脚に届く振動の時間差を使うことが考えられる．私たちが両耳に届く音の時間差を使って音源の位置を知るようなものだ．しかし，クモの体のサイズと振動の伝わる速さを考慮すると，その時間差は小さすぎて，方角を知るためには役立たないだろうと考える研究者もいる（Landolfa & Barth 1996）．

エサを見つけるためのもう1つの可能性として考えられるのが，八方に広げた脚に伝わる振動の大きさを比べることだ．たとえば，ある1本の縦糸だけが揺れており，他の縦糸がまったく揺れていなければ，揺れている縦糸の近くにエサがいることはほぼ確実だ．しかし実際は，ある縦糸が振動すると，つながっている横糸を通じて，隣り合った縦糸にも振動が伝わる．この効果は，縦振動のほうが横振動や側振動に比べて小さい（Masters 1984）．このため，エサのかかった方角を知るためには，振動の「漏れ」の少ない縦振動を使うほうがよいかもしれない．極端な話，「漏れ」が大きくすべての縦糸が同じように揺れるならば，エサがいる方角を糸の揺れから見つけることは不可能だ．

縦振動は減衰しにくくエサの方角の情報もよく伝えてくれる．とはいえ現実の世界でクモが縦振動にだけ頼っているかというと，それはわからない．エサが都合よく縦振動だけ発生させるとは限らない．また，網全体の縦糸の数は，クモの脚の数より多いので，クモはすべての縦糸を同時に見張ることはできない．クモが脚を載せていない縦糸の上にエサがかかったとき，方角を見つける情報として漏れの少ない縦振動しか使わなければ，エサを見落としてしまうかもしれない．逆に，周囲に漏れ出す横振動と側振動は，クモがエサの方角を「見つける」ためには都合が悪いかもしれないが，エサが網の上にいることに気づくための役に立っているかもしれない．

さらに，エサの出す振動は，方角を知る上で重要でない可能性もある．クモは，エサが網にかかると，縦糸を脚で何度も強く引っ張っては離すという行動をしばしば見せる．これは，クモが自ら糸を揺らし，その反応を感じとることでエサのかかった場所を知ろうとする行動だとされる．これは，コウモリやクジラ類が超音波を放って，その反射音から周りの状態を知る，エコーロケーションと呼ばれる行動とよく似ている．

　ここまで紹介したような，クモの感覚器の性能や糸の振動についての私たちの知識は，静謐（せいひつ）な実験室の中で行われた研究の成果に基づいている．しかし，現実のクモはもっと複雑でノイズの多い野外で暮らしている．ここでは風の影響があるなど，糸が室内と同じように振動するかどうかはわからないし，クモが感覚器の性能をフルに発揮できるとも限らない（ただし，風が吹いてもクモのエサ発見能力が低下しないことを示す報告がある；Turner et al. 2011）．そういえば屋外でクモを観察していると，よく蚊にたかられる．そんなとき，私は潰した蚊の命を無駄にするのも気が引けるので，クモに食べてもらおうと網に投げこんでやる．ところが，せっかくのエサにクモは気がつかず，そのまま放置してしまうことがちょくちょくある．室内研究でいわれているようなクモの感受性の高さが野外でも見られるとは限らないのだ．

　近年は動物の感覚を撹乱するノイズ源として，人間のさまざまな活動に注目が集まっている．コウモリやクジラ類では，人間の出すノイズが生態に影響している例も報告されている．クモでも人間の出すノイズの影響を調べる研究が行われている（Wu & Elias 2014）．ここでは3段階に大きさを変えたノイズが，クモがエサを発見する能力にどのように影響するかが調べられている．単純に考えれば，ノイズが大きくなるにつれてエサ発見能力が低下しそうなものだ

が，この研究の結果は違っていた．ノイズが大きくなると，発見能力は一度向上し，その後低下したのだ．Wu & Elias（2014）はこの不思議な結果について，クモがあらかじめエサの出す振動に「注意」を向けて，エサに対する感受性を高める能力をもっているからだと考えている．この能力は，ノイズがそれほど大きくない場合は，その影響を打ち消すのに余りある．そして，ノイズが大きくなって初めて振動がノイズに埋もれ，クモがエサを発見できなくなったのだろう．この研究では他にも，人間の活動している環境では，草や木の枝のように，よく揺れる自然物に枠糸をつけて網を張るのではなく，揺れの起きない安定した人工物に網が多く張られることが示されている（Wu & Elias 2014）．クモは，このように網の張り方を変えることで，ノイズが網に届きにくくして，その悪影響を緩和しているのかもしれない．

　それはともかく，この研究は，糸に伝わる振動や聴毛など感覚器の性能を単独で取り出して調べてみても，実際に野外でクモがエサをどのように見つけているか完全に理解できるわけではないことを示している．この点はクモの感覚を知ろうとするときにとても重要だ．クモが生きたまま自然に振る舞える状況でないと，クモが何を感じているかをちゃんと知ることはできないかもしれないのだ．その意味で，エサを待っているときに，クモが積極的に網に働きかけて，振動の伝わり方を調整していると思われる例があることは興味深い．このことを初めて見つけたのが，私が出身研究室の同じ部屋で机を並べていた渡部健さんだ．渡部さんが調べた，カタハリウズグモ（*Octonoba sybotides*）は，満腹時には直線型，そして空腹時には渦巻き型という2種類の白帯を網につけるという特徴をもったクモである（**図 5.4**，Watanabe 1999a）．

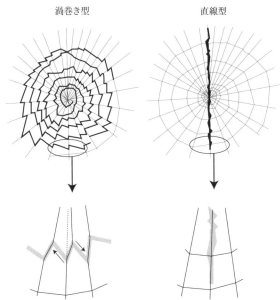

図5.4 カタハリウズグモは渦巻き型と直線型の白帯をつける

渦巻き型の白帯は縦糸を左右に引っ張り（矢印）張力をかける．一方，直線型の白帯では縦糸に張力はかからない．

5.4 クモの好き嫌いと円網

　お腹が空いているかどうかで，食事のスピードや好き嫌いが変わるという経験は，誰でももっているだろう．嫌いな食べ物でも，お腹が空いていれば美味しく食べられる．同じようなことが，クモでも見られるだろうか？　いろんなエサを食べることのできる何でも屋のクモだが，食べるときの効率を考えると，好ましいのは小さなエサよりも大きなエサだろう．エサがどんな大きさだろうと，食べるためには一定のコストがかかる．具体的には，こしきから出かけていってエサにかみつき糸で巻き上げる労力や，こしきから離れる

ことで，捕食者に襲われやすくなることだ．一方，エサが大きいとそれだけ手に入る栄養分も多くなる．エサを食べるときの効率は，エサから得られる収益を，エサを得るために支払ったコストで割ったものだ．大きなエサでも小さなエサでも，手に入れるために払うコストはあまり変わらないので，それなら収益の高い大きなエサのほうが効率がよいことになる．

しかし，効率を追い求められるのは，余裕のある者だけである．動物はまず自分の生命の維持を優先しなくてはならないので，空腹が続いたときには，とりあえず何でもいいからエサを食べて，飢えを避けなければならない．お金に困ると割りの悪い仕事でもやらねばならないようなものだ．

このように考えると，栄養状態のよいクモは好き嫌いを発揮して，大きなエサを選んで食べるが，空腹なクモは小さかろうと選り好みせずに食べようとすると予想できる．で，カタハリウズグモは，まさにこのような行動を示すのである．エサが網にかかったとき，空腹なクモは，エサが大きかろうが小さかろうがすぐに反応してエサを捕まえに動き出す．一方，栄養状態のよいクモは，大きなエサには素早く反応するが，小さなエサにはまるで気が乗らないかのように，反応するまで時間がかかる．

私たちヒトの場合，お腹が満ちているときに嫌いな食べ物に食指が動かないのは，自分自身の判断による．しかし，私たちにとって当たり前のことが，他の動物でもそのまま当てはまるとは限らない．カタハリウズグモの好き嫌いの場合，どうもその判断をしているのはクモ自身ではないらしいのだ．というのも，満腹なクモを，空腹なクモが張った渦巻き型の白帯をもった網の上に載せ替えてやると，好き嫌いが消えて小さなエサにも素早く反応するようになったのである (Watanabe 2000)．逆に，空腹なクモを満腹なクモが

張った直線型の白帯をもつ網に載せると，小さなエサへの反応が鈍くなった．非常に奇妙なことだが，この結果は，エサへの反応の違い，つまり好き嫌いを生み出しているのは，クモではなく，白帯の形の違いであることを意味している．

　なぜこのようなことが起こるのだろう？　その答えは，エサが出す振動の，糸の上での伝わり方の違いにあるようだ．糸電話で糸をピンと張れば声が聞こえやすくなるように，糸を横振動や側振動が伝わる効率は，糸にかかる張力によって変わる．そして，渦巻き型の白帯のついた網のこしきをよく観察すると，その中央部が白帯によって，渦の巻いた向きにわずかに捻られていることがわかる（図5.4）．一方，直線型の白帯をもつ網には，そのような捻りは見られない．わずかな捻りといっても軽んじてはならない．これが縦糸に張力を加える働きをもっていて，渦巻き型白帯の網は，直線型白帯の網よりも振動の伝わりがよくなるらしい．渦巻き型白帯がつくことで感度の高まった網は，小さなエサの出す弱い信号も効率よくクモに伝えてくれる．一方，直線型の白帯のついた網は，弱い信号はフィルターして，大きなエサの出す強い振動だけを伝える．つまり，クモ自身は変わっていないにもかかわらず，網の特性が変わるため，結果的に状況によって行動が調節できるようになっている，ということである．実際，直線型の白帯のついた網を全体に少し外側に引っ張ってやると，満腹なクモでも空腹なクモのように，小さなエサに素早く反応するようになる（Watanabe 2000）.

5.5　円網を引っ張るゴミグモ

　よく似た現象が，ゴミグモでも見つかっている（Nakata 2010a; Nakata 2013）．こちらは私の研究だ．実は私がこの研究を始めたのはまったくの偶然からだった．次の章で紹介する研究を進めるため

に，ゴミグモの網にエサをかけて，捕まえるところをビデオに撮っていたときのことだ．撮影した動画をぼんやり眺めていると，クモがエサに気がついて動き始めたその瞬間に，ビデオの画面がわっと広がったような感じがしたのだ．不思議に思ってもう1回よく見てみると，広がったのは画面じゃなくて（当たり前だ），うすぼんやりと映っていた網全体のようだ．とはいえ，前にも書いたようにクモの糸は光をわずかしか反射しない．そのため実験室の弱い光のもとで撮影した動画では，糸の映り具合ははっきりしない．だから私は，見たものが本当に網なのか，それとも何かノイズを見ているのか，確信がもてなかった．そこで，画面の明るさを調整して，糸をよく見えるよう動画にフィルターをかけ，コマ落としで見ていった．すると確かに，クモが動き始めたときに糸の位置が数ピクセル移動している．どうやら本当に網が広がっているらしい．

　そこで今度はクモの動きを見てやる．ゴミグモは網に止まっているときに脚を体にピタリとくっつけているクモだ（図 2.5a 参照；この点は，コガネグモやジョロウグモのように脚を伸ばして網に止まる種とゴミグモ属のクモが違っているところだ．エサを待つときの脚の使い方はグループによって違いがあって，そこには何か面白いテーマが隠れてるのではないか，と私はかねてから思っているのだけれど，それはここでの話ではない）．エサが網にかかると，ゴミグモは移動のため，縮めた足を伸ばし始める．そのタイミングと，糸の位置が移動するタイミングがピタリと同じなのだ．どうやらエサを待っているときのクモは，脚を使って網全体を中心に向かって引っ張っている．そして，エサに向かって歩き始めると，その引っ張る力がなくなるので，網が広がるらしい．そしてよく見ると，その広がりはもっぱら垂直方向に起こっているようで，水平方向にはあまり広がっていないようだ．

不思議に思い，さらに詳しく調べてみることにした．21世紀になったばかりのその頃は，動画といっても私の使う家庭用カメラの解像度は640×480ピクセルのVGAサイズだった．これで網全体を撮影していたので，広がり方の細かい違いを検出するのは難しかった．そこで，解像度を高めるために，一眼レフカメラを使い，さらに全体ではなく網の中心部で横糸が数周巻いているところだけを写真に撮ることにした．まず，クモがいるときに1枚，その後クモを網から取り除いて，同じカメラ位置からもう1枚写真を撮った．そして，2枚を比べて横糸の位置の変化を垂直方向と水平方向で比べてみることにした．変化が大きいほうが，クモがより強く網を引っ張っているということになる．すると，個体によって，また同じ個体でも日によって，網の引っ張り方にはバラツキがあったが，平均してみると，水平方向に比べて垂直方向に20%ほど強く引っ張っているという結果が得られた（図5.5）．

　およそ生き物が秩序立ったことをしているとき，どんなささやかなことに見えても，そこには必ず何か意味があるはずだ．一方，クモが網を引っ張っているという話は，何かで読んだこともなければ，誰かから聞いたこともなかった．ということは，ひょっとして私はまだ世界で誰も気がついていないような新しい現象を発見したのだろうか？　ひゃっほう?!

　基礎研究では，新しさや他とは違うユニークさが評価される．第3章では，ギンメッキゴミグモの白帯や体色の働きについて，定説と逆の結果となった研究のことを紹介した．このような研究にもユニークさはあるのだが，まったく新しい現象の発見はユニークさの意味合いがまったく違う．後者はいうなれば，私たちの知っている世界の境界を外に押し広げてくれるものである．その例でいえば，私たちの手の中にすでにある知識の解像度を高めてくれるのが

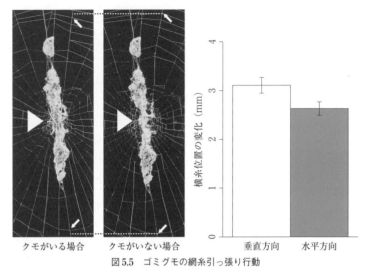

図5.5　ゴミグモの網糸引っ張り行動

矢印は，クモがいるとき（左図）とクモがいないとき（中図）で同一の，縦糸と横糸が交差している点．点線は，注目した点が，クモがいないときにどの高さにあったかを示している．クモがいる場合の矢印と点線の高さを比べることで，中図では左図と比べて，矢印で示した点が上下に広がっていることがわかる．三角はこしきの位置を示す．右図は，横糸位置の変化を垂直方向と水平方向で比べたもの（Nakata 2010a のデータを使ってグラフを作成した．エラーバーは標準誤差）．垂直方向に有意に大きく，より強い張力がかかっていると考えられる．

前者だ．これはこれで大事だけれども，わずかかもしれないが世界を広げてくれる後者のほうが，研究の価値としては高いと私は思う．

　いやしかし落ち着け．クモが網を引っ張っていることにこれまで誰も言及していないのには，まったく別の可能性もある．重要な生物学的意味がないので，わざわざ記述するまでもない，という可能性だ．このがっかりするようなシナリオを潰すためには，現象を見つけて喜んでいるだけではダメだ．その役割をちゃんと明らかにしなければ．

5.6 方向によるエサの「見つけやすさ」の違い

具体的には，何を調べればよいだろうか？　真っ先に考えるのは，エサの獲れ方だ．網はエサを捕らえるためのものなのだから，網引っ張りとエサ捕獲との関係を明らかにするのが一番素直だろう．ここで網引っ張りに方向の偏りがあることが効いてくる．網引っ張りがエサ捕獲とかかわりがあるのなら，エサの獲れ方にも何か方向の偏りがあることが予想される．

ということで，私は当時住んでいた長崎の稲佐山で，ゴミグモが野外でエサをどのように獲っているかをひたすら観察し始めた．とはいっても，そう頻繁に起こるわけでもないエサの到来を，網の前でずっと待っているのは精神的に辛い作業だ．私自身まちぶせ型の性格であると自負してはいるものの，本職のクモとまちぶせ合戦で勝てるわけもない．そしてゴミグモの観察に都合のよい時期が，また5月のちょうど気候のよい，外にいてとっても気持ちのよいころなのだ．観察を始めてみると，すぐに心が体を離れて漂いだし，ハッと気がついたときはもうクモがエサをムシャムシャやっていて，網のどの方向でかかったのかを見落としているではないか．いかんいかん．ので，直接観察に早々に見切りをつけ，ビデオカメラを網の前でひたすら回すやり方に移行した．後から早回し再生して，何かが起こったところを見つけたら，もう一度丁寧に再生してデータを起こすのだ．目標として，とりあえず100時間の録画を行うことにした．クモの網は1日の終わり頃には穴が空いたり一部が壊れたりして機能が低下するので，まだ網が新鮮な朝のうちだけに撮影を限ることにした．そのため1日に長くて数時間しか撮影できず，またその頃は，違うテーマの研究も進めていて，その傍らでの撮影ということもあり，100%の力を投入できたわけではなかった．それ

でも 1 年目の終わりには 30 時間ほどの撮影が済んだ．これなら翌年もっと本腰入れれば 100 時間クリアは簡単だろう．

と，ここで好事魔多しである．その年度の末に，私は東京の中規模大学に勤め先を変え，引っ越ししてしまったのだ．で，困ったのがすでに 30 時間分あるこのデータ．そのままでは確かなことを主張するには足らないし，かといって東京で追加観察して長崎で得たデータに足すのも避けたいところ．同じ種であっても別の場所に生息していて交流がない個体群同士であれば，生態が違っていることが十分考えられるからだ．ということで，新しい大学での授業の合間をぬって年 1 回長崎まで 1,000 km を飛行機で通うことにしたのだが，結局残り 70 時間分を撮影するのに 5 年もかかってしまった．

ともかく，こうして集めた動画を見直してみると，エサが網に衝突するところが全部で 175 回映っていた（本書の冒頭で紹介したのがこれだ）．そのうちエサを食べることに成功したのは約半分だったのはすでに書いた．大事だったのは失敗した残りの半分だ．その 1/3 ほどの 31 例で，網にかかったエサにクモが気づかずほったらかし，そのうちにエサが逃げ出したり撮影が終わったりしていたのだ．つまり，クモは網にかかったエサを，一定の割合で見つけ損なっていた．そして，この失敗は，クモから見た水平方向にエサがかかったときに偏って起こっていた．別の言い方をすると，クモは垂直方向にかかったエサを水平方向よりうまく見つけていたのである（**図 5.6**）．

クモがエサを待っているときに垂直方向に強く網を引っ張っていることと，その方向で上手にエサを見つけていること．ここでカタハリウズグモが縦糸にかかるテンションを通じて振動の伝わり方を調節していたことを踏まえると，この 2 つの現象がひとつながりである可能性が浮かび上がってくる．つまり，ゴミグモは垂直方向に

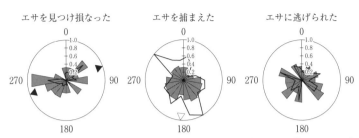

図 5.6 ゴミグモが野外において，エサを見つけ損なった場合，エサを捕まえるのに成功した場合，エサに逃げられた場合のそれぞれが，こしきから見てどの方向で起こったか，その頻度を示したバラ図 (Nakata 2010a)
0° が上方である．実線はその比率を表す．三角形は，その方向で有意に多くイベントが起こっていることを示している（白は一方向，黒は二方向で生じていることを示す）．

かかるエサを狙って脚で網の糸にテンションをかけており，そのために垂直方向で網の感度が高まってエサを見つけやすくなっている，というシナリオだ．

このシナリオを確かめるには，クモが糸を引っ張ることが，網の感度を高めて垂直方向のエサの発見効率を上げていることを証明する必要がある．そこで私は，アクリル製の枠の中でクモに網を張らせ，枠糸がアクリルに付着している個所で，枠糸を少しだけ外側に引っ張って，粘着テープで枠にとめるという実験をしてみた．これで網は少し外側に引っ張られることになるので，その影響がエサに対するクモの反応速度（エサがかかってから，捕獲するためにクモが縮めた脚を伸ばし始めるまでの時間）に現れるはずだ．実際に観察してみるとそのとおり．直径 30 cm ほどの網がわずか 5 mm ほど伸びただけで，小型のエサであるショウジョウバエに対する反応速度が 2 倍，大型のエサであるヒラタアブに対する反応速度は 3 倍にもなったのである．どうでもいいが，私くらいの年齢だと，通常の 3 倍の速さと聞くと，やおら感慨がわき上がってくるのが抑えられ

ない．ともかくすごいぞゴミグモの網．ということで，糸引っ張り行動はエサ捕獲にかかわる重要な現象だということがわかった．

なぜ，水平ではなく垂直方向に引っ張っているかというと，網の形が関係しているのだろうと思われる．円網は，よく見るとキレイな円形をしているのではない．たいがいの場合，横より縦に長い形をしている（図6.3も参照）．そのため，こしきから斜め45°の線を2本引いて，網の捕獲域を上下左右の4つの領域に分けると，垂直方向，つまり上方部分と下方部分を足した部分の面積は，右側と左側を足した水平方向の面積よりも大きくなる．エサが捕獲域のどこに衝突するかがランダムに決まるのなら，垂直方向により多く衝突するはずだ．なので，網を引っ張ってエサの衝突に備えるなら，合理的なのは垂直方向ということになる．

5.7 クモの注意の払い方

次の課題は，本当にクモが主体的に網を引っ張っているのかどうか確かめることだ．というのは，引っ張り方向の偏りは，クモの体や網の構造からくる制約として生じているのかもしれないからだ．たとえば，ゴミグモの場合，水平方向への引っ張りを担当する第三脚は，垂直方向への引っ張りを担当する他の脚に比べて短い．脚のもつ力は長さに比例すると考えられるので，水平方向への引っ張りが弱いのは，単に第三脚が短いためかもしれない．また，垂直方向に網が強く引っ張られているのは，クモの重さがかかっていることが理由なのかもしれない．

一方，もし本当にクモがエサの衝突に備えているのだとしたら，これはクモが周囲を把握する能力を，あらかじめ特定の方向に振り向けていることを意味する．たとえば私たちは待ち合わせをしているときに，これから会う相手の顔をあらかじめ頭に思い浮かべて，

周りを行き交う人に注意を払う．こうして見つけ損ないを防ごうとしているわけだ．クモのやっていることはこれと似たものかもしれない．つまり，クモがエサのかかりやすい垂直方向にあらかじめ「注意」を向けている，ということだ．さて，「注意」の向け方というのは，状況によって変わるものだ．待ち合わせの相手が気の置けない友人なのか，失礼があってはいけない仕事上の知人なのかによって，こちらの心構えも違おうというものである．クモの糸引っ張りが「注意」を向ける行動なら，やはりこれも状況によって変わるだろう．

　ということで，クモの置かれた状況を操作して，糸の引っ張り方が変わるかどうかを見てやることにした．もし，クモが垂直方向にエサが多くかかると期待し，その衝突に備えているのだとしたら，この期待を水平方向に変えてやることだってできるだろう．その方法としては，エサを網の水平方向のみにかけ続けてやればよさそうだ．もしクモが過去の経験から将来の期待を形作ることができ，垂直方向への網の引っ張りがエサがたくさん獲れるという期待に基づいているのであれば，水平方向でエサをたくさん食べたクモは，糸を引っ張る方向を垂直から水平へ変えるかもしれない．第 2 章で紹介したように，クモが過去の経験を利用して行動を変えることはわかっており，またクモはエサがよく獲れる方向に網の面積を広げることから (Heiling & Herberstein 1999)，網の方向を区別して反応する能力があることもわかっていた．なので，この実験には大いに勝算があったのだが，実際に観察してみて見事に予想どおりだったときはホッとしたものだった (**図 5.7**)．ゴミグモはエサがよくかかる方向を学習して「注意」の向け方を変えられるのである．

　とはいえ，クモの「注意」の向け方は私たちのやり方とはずいぶん違っている．注意を向けるという現象は，動物が手に入れるいろ

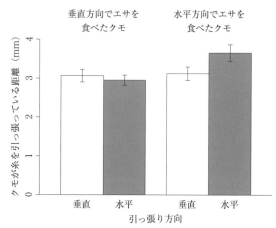

図5.7 ゴミグモに，垂直方向または水平方向のみでエサを与えて学習させた後の，網引っ張り行動の変化 (Nakata 2013)
水平方向でエサを食べたクモは，垂直方向で食べたクモと比べて，より強く水平方向に網を引っ張っていた．エラーバーは標準誤差．

いろな情報の中から，特定のものを優先して処理するために，あらかじめ準備をしておくことといえる．私たち人間は，これを脳の中で行う．一方，ゴミグモは同じことを網を使って行っている．

　カタハリウズグモの場合もよく似ている．このクモでは，大きなエサと小さなエサで「好き嫌い」があるかのような行動を示すが，この「好き嫌い」の判断は，クモではなく白帯がしているといえる．判断というものの本質は，異なった入力があったとき，それぞれの入力を別々の出力に結びつけることである．そのためには，入力の種類に応じて，出力までの情報の流れを変える必要がある．カタハリウズグモは，白帯の形を変えることで網の中の情報の流れを変えて，クモ本体は変化することなく，異なった入力に対して異なった反応を実現しているのだ．つまり，ゴミグモとカタハリウズグモでは，網は意思決定プロセスの一部を担う体外の神経系のような

働きをしている．クモと円網は分けることのできない1つのシステムなのである．

　円網の起源は，地面の穴で暮らしていた祖先型のクモが穴の周囲に張り巡らせた糸だという説がある．現世の種でもトタテグモ類はこのような糸を張る．この糸は受信糸と呼ばれ，その上を歩いたエサの存在を穴の中のクモに伝える．するとクモは巣から飛び出してエサを捕まえる．この説が正しければ，感覚世界拡張装置としての利用法は，本来の円網のあり方だといえるだろう．私が紙コップでクモを保定するような，元々の目的から外れた使用法と一緒にしてはクモに失礼かもしれない．むしろエサの動きを止めることが網の目的外使用だといっても構わないわけで，そのような始まり方をした網が，現在のクモの大繁栄を支えているのだとしたら，それはちょっとよい話ではないかと思うのである．やはりホームセンターには足繁く通わねばならない．

襲いかかる

6.1 最後はスピード勝負

　まちぶせするときは,じっとしていなければならない.クモが網の中心でエサを待っているところを眺めていると,まあその辛抱強さには感心する.動かざること山のごとし.この言葉は中国の兵法書『孫子』の一節だが,この直前には「疾きこと風のごとく」とも書かれている.風林火山として知られるものの一部だ.『孫子』がここでいっているのは,移動するときは速さが大事だ,ということである.

　クモなら,そのことにきっと同意してくれるであろう.エサを発見したクモは,素早く短い時間でエサのかかった場所まで移動しなければならないのである.前章で紹介したゴミグモの捕食ビデオには,エサに気づいて移動を始めたにもかかわらず,その途中でエサに逃げられてしまう場面が,175回中50回ほどで映っていた.粘着性の高い網といえども,エサをいつまでも網の上に留めておけるも

のではない．だから，できるだけ短い時間でエサに襲いかかることが大事なのだ．

エサのいる場所まで移動できれば，かみついて相手を麻痺させる毒を注入することもできるし，糸で巻き上げて逃げないようにすることもできる．こうすれば食事に失敗することはほとんどなくなる（私は，ミズアブが糸で巻き上げられて網に吊るされているにもかかわらず，もぞもぞ動いていたかと思うと巻かれた糸からスルリと抜けて逃げてしまうところを何度か見ているが，これは例外的なことだ）．最初に書いたように，クモがエサを捕まえるまでにかかる時間は約10秒ほど．ここがその10秒間の最後のステップだ．

網上を速く走ることができれば，短時間でエサに襲いかかることができる．が，この章ではそんな当たり前な話をするのではない．襲撃時間の短縮に網の形がどのように関係しているのか？　がこの章のテーマだ．

6.2　円網は上下でサイズが違う

円網を張るクモはまちぶせ型であると同時に中心定位採餌者（central place forager）でもある．これは，巣を構えるなど活動の中心となる場所をもち，エサを探すときには遠くに出かけていくが，エサを獲ったり食べたりした後は再び中心に戻ってくる動物のことをいう．アリや子育て中の鳥がその代表選手だ．クモの場合も，エサを獲りに網の周辺部に出かけていっては中心に戻ることを繰り返しているわけだから，まさに中心定位採餌者といえる．このとき，網はエサを獲るためのなわばりのようなものといえる．

中心定位採餌者のエサの獲り方については，いくつかのことがいわれている．まず，エサを探しにいく範囲は無限ではない．出かけた距離が長くなり移動に時間がかかれば，移動した先でエサを手に

入れたとしても，効率（ここではエサの量を時間で割ったものとする）が下がって，割りに合わなくなる恐れが高くなるからだ．そして，環境がどこでも同じ状態で，エサが見つかる可能性が場所によって変わらず，かつ捕食される危険も同種他個体との争いもないとするなら，中心定位採餌者にとって，エサ場所の価値はどの方角でも同じになる．このとき，エサを獲りにいく場所を巣を中心とした円形にすると，中心定位採餌者にとって食事の効率が最も高くなる．

こう考えると，クモの網も円形になっていてよさそうである．名前も円網だ．ところが，詳しく見てみると，円網は必ずしも完全な円形になっていない．前章でも書いたように，円網は横よりも縦に長い形をしていることが一般的だ．また，クモがエサを待つこしき部は，網の幾何学的中心より高い場所に位置することが多い (Witt & Reed 1965)．これらは，垂直に網を張るクモの場合に特にはっきりしている．後者の特徴は，こしきから最外周に張られた横糸までの距離を網の半径とすると，網の上側の半径が下側の半径より小さい，ということでもある（**図6.1**）．このことを本書では，円網の上下方向に見られるサイズ非対称性と呼ぼう．

このサイズ非対称性は，クモがエサを短時間で襲撃するために網が備えている特徴である．私はバーゼル大学のサミュエル・チョッケ博士と共同で，このことについて研究している．サイズ非対称性そのものは以前から知られていた現象である．そして1980年代には，すでに「クモは，網のこしきから下の部分にかかったエサには，上にかかったエサに比べて速く襲いかかることができる．そのため網の下方向ではエサがより獲りやすくなるので，これに応じて網の下半分を大きくしている」という仮説（最適採餌仮説と呼ぼう）が提唱されている．そして，実際にクモが網上を走る速度を測り，サイズ非対称性と関連づけた研究が行われていた (ap Rhisiart

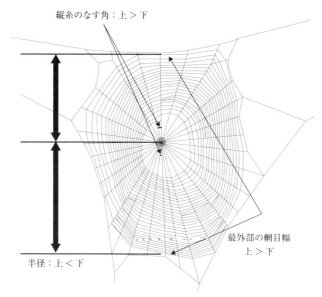

図 6.1 円網に見られる 3 つの上下非対称性
半径,隣り合う縦糸のなす角度,網目幅(横糸の間隔)で上下に違いがあることが一般的である.

& Vollrath 1994; Masters & Moffat 1983).

　しかし,これらの研究が行われたとき,サイズ非対称性という現象はすでに広く知られていた.クモの移動速度はまだ測られていなかったが,クモが下方向に速く移動できることは,私たちが重力のある星に住んでいることを考えれば,測るまでもなく当たり前だ.ということは,いくら最適採餌仮説がきれいにサイズ非対称性という現象を説明できていたとしても,それはあくまで後づけだということだ.すでに知られていた現象同士を筋が通るよう結びつけて説明しているにすぎない.これでは,この仮説が本当に正しいかどうかは確かではない.

6.3 頭の向きと網の形

　この後づけ問題は科学の世界でしばしば見られる．で，これを解決するためには，確かめたい仮説を使ってこれまで知られていない現象を予測し，実際にそのような現象が存在することを確認する，というのが一般的な方法だ．私たちにとって，このための格好の研究対象となってくれたのが，ここまで何度も出てきたギンメッキゴミグモやゴミグモを含むゴミグモ属のクモたちだ．

　なぜ格好かというと，ゴミグモ属のクモは，ジョロウグモ類やオニグモ類，コガネグモ類といった一般的な垂直円網を張るクモたちとは違う，ユニークな特徴をもっているからだ．それは，網にとまってエサを待つときの頭の向きである．一般的なクモの場合，頭の向きは下向きとほぼ決まっている（図1参照）．今度クモの網を見かけたらよく観察してみてほしい．ところが，ゴミグモ属の場合，普通のゴミグモは頭を下に向けるが，ギンメッキゴミグモとギンナガゴミグモ（*Cyclosa ginnaga*）は頭を上に向けて網にとまる．カラスゴミグモ（*Cyclosa atrata*）は頭を横に向け，シマゴミグモ（*Cyclosa omonaga*）やミナミノシマゴミグモ（*Cyclosa confusa*）に至っては，同じ個体が上を向いたり下を向いたり横を向いたり，決まった頭の向きをもっていない（図2.5，**図6.2**）．この特徴は垂直円網を張るクモの中でも極めて珍しいもので，ゴミグモ属の他にはアメリカに分布する *Verrucosa arenata* だけでしか知られていない．ちなみに，ここで挙げたゴミグモ属のクモは，人里近くにも多く見られる普通のクモだ．普通だけど極めて変わっているのである．

　さて，私たちの研究の最初の目論見は，ゴミグモ属の頭の向きの謎を解明しようというものだった．そうすれば，ほとんどのクモがなぜ頭を下に向けているのか？　その謎にも迫ることができるだろ

図 6.2　頭の向きが定まらないゴミグモ属のクモ
a) 上向きのギンナガゴミグモ．b) 横向きのカラスゴミグモ (*Cyclosa atrata*)．c-d) 決まった頭の向きをもたないミナミノシマゴミグモ (*Cyclosa confusa*)．この種では個体の間で大きな色彩変異が見られる．→ 口絵 8 参照

う．ということで，私たちは，まずは異なる種の間で基本的な生態の比較をすることから，研究を始めた．変わった頭の向きをもつクモはもっぱら東アジアに多く，スイスに住むチョッケ博士にはなかなか手が出せない．そこでチョッケ博士には研究の理論面を詰めることを担当してもらい，身近な環境にゴミグモ属のクモがたくさんおり，すでにギンメッキゴミグモの生態調査を手がけていた私が観察・実験してデータをとる，という分担ができた．

　ということで，私は野外でゴミグモ属の観察を始めたわけだが，すぐに，ギンメッキ，ギンナガ，ミナミノシマの網が普通と違っていることに気づいた．上半分が大きいように見えるのだ．そこで，きちんと網の形態を測定することにした．ノギスを当てて網のいろいろな個所の長さを測り，また縦糸や横糸の本数を数えるのだ．野外だとこの作業は結構面倒で，風がわずかにでも吹いていると網が

揺れてうまくノギスを当てることができなかったり，どの糸まで数えていたかわからなくなったりと，いろいろ往生した．しかし何とかかんとか数をこなして計測してみると，これが大当たり．普通のクモと逆向きに網にとまる，つまり頭を上に向けるギンメッキ・ギンナガの網は，上半分が大きな逆さまの網だった．一方，普通に頭を下に向けるゴミグモは下半分が大きな普通の網を張っていた．さらに，個体によって頭の向きが違うミナミノシマでは，上向き個体は上半分が大きな網，下向き個体は下半分が大きな網，そして横向き個体は上下のサイズが同じくらいの対称な網を張っていた（**図

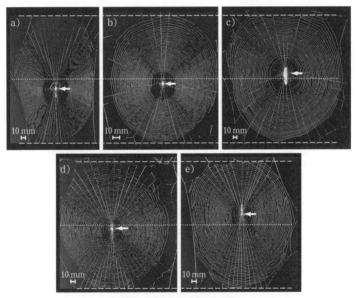

図6.3 ゴミグモ属のクモの網
a) ギンナガゴミグモ（上向き），b) ギンメッキゴミグモ（上向き），c) ゴミグモ（下向き），d) ミナミノシマゴミグモ上向き個体，e) ミナミノシマゴミグモ下向き個体．破線は，網の最上部と最下部を，点線は網の幾何学的中心を，矢印はこしきの位置を示す（Nakata & Zschokke 2010）．

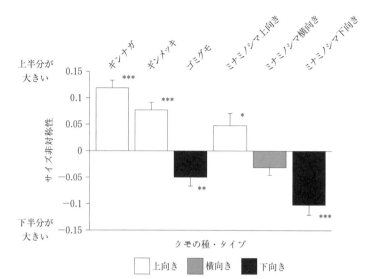

図 6.4 ゴミグモ属のクモにおける網の上下サイズ非対称性と頭の向きの関係
サイズ非対称性は（上方向の半径 − 下方向の半径）／（上方向の半径 + 下方向の半径）として計算した．アスタリスクは，対称な網とは有意に形が違うことを示している（Nakata & Zschokke 2010，エラーバーは標準誤差）．

6.3，図 6.4）．つまり，私たちが調べた 4 種のゴミグモ属のクモでは，頭の向きと網のサイズ非対称性に，種間・種内で完全な対応関係があったのだ．頭の向きと網のサイズ非対称性はどうやら 2 つで 1 セットの現象らしい（ちなみに横を向くミナミノシマで頭の向きの右左と網の形の右左には対応が見られなかった）．

頭の向きがバラバラなゴミグモ属のクモたちは，網のサイズ非対称性の謎を解くためにも重要な役割を果たすはずだ，と私は直感した．このクモたちに見られる，頭の向きと網の形の対応関係は，最適採餌仮説の正しさを支持する証拠かもしれない．上向きに網にとまるクモが，網の下方向にかかったエサに襲いかかるには，こしきで向きを変えなければならない．方向転換には余分な時間がかかる

から，網の下半分ではエサが逃げ出しやすくなるだろう．ならば，下方向に網の面積を広げるのは無駄なのだ！という直感だ．

6.4 襲撃時間の最小化仮説

そこで私たちは，この問題をもう少しきっちりと考えてみることにした．最適採餌仮説のポイントは「網のサイズ非対称性は，クモがエサをできるだけたくさん獲ることができるように決まっている」ということである．これは，「網のサイズ非対称性は，エサに襲いかかるのに必要な時間を最小にするようなものになっている」と言い換えられる．この襲撃時間は，いろんな場所にかかったエサを襲う時間の平均値であることに注意してほしい．具体的な襲撃時間は網のどこにエサがかかったかで変わるが，クモにとってエサがどこにかかるかはわからないので，平均値を小さくすることしかできないのだ．

さて，私たちは，1) エサは網のどの場所でも同じ確率で衝突する，2) クモは下向きにより速く移動できる，3) 襲撃時間はクモの移動時間と方向転換にかかる時間の合計で決まる，という3つの前提を置き，簡単な数式を用いてこの問題を解いてみた．その結果，2つのことがわかった（節末 Box1, Zschokke & Nakata 2010）．1つ目は，クモは網の幾何学的中心（網の最上部と最下部の中間点）より高い位置で下を向いてまちぶせているときに，最もエサを捕まえやすい，ということである．これは，機能的な網の中心であるこしきが，網の幾何学的中心より高い位置にあるということだから，網の下半分が上半分より大きいということである．2つ目は，上を向くクモにとって，エサを捕まえる上で最もよい位置は，下を向くクモにとってよい位置よりも低い場所にある，ということだ．意外なことに，方向転換に要する時間は，この2つの結果とは関係がな

かった．きちんと数式を立ててみるものである．

　方向転換の時間が頭の向きにも網の形にも関係ないということは，最適採餌仮説は間違っていたということだろうか？　その結論を出すのはまだ早かった．というのは，私たちの出した結果のうち1つ目は，下半分の大きな網で下向きにまちぶせする普通のクモの行動が，エサをより多く捕まえる働きをもっていることを強力に証明していたからだ．これは最適採餌仮説が正しいことを示しているように思えるではないか．

　ただし問題があった．それは，なぜゴミグモ属のクモのような上向きや横向きのクモが進化してきたのか，私たちの理屈では説明できないことだった．なにしろ下を向いていればいつでも餌をたくさん獲れる，というのが数式の述べていることである．上向きや横向きでは損になるので淘汰されてしまいそうだ．このように理屈と現実との間にズレがある場合，理屈の前提に問題があることが多い．そこで，前提が正しいかどうかを再検討してみた．

　まず1)「エサは網のどの場所でも同じ確率で衝突する」である．もし，場所によってエサのかかりやすさに違いがあれば，クモはあらかじめエサが多くかかる方向を向いてまちぶせするようになるかもしれない．実は80年代に，網内の場所によってエサのかかりやすさに違いがあることを報告した研究がある (Nentwig 1985)．しかし，この研究は下向きに網にとまるクモを使って行われているにもかかわらず，必ずしも網の下側でエサが多くかかっていたわけではなかった．さらに，前章で紹介したゴミグモを使った私の研究では，どの方向でもまんべんなくエサがかかっていた．エサを見つけにくい場所があったとはいえ，それは水平方向に限られており，上下で比べたときには見つけやすさに違いは見られなかった．このことから考えると1)は問題なさそうに思われる．

次に 2)「クモは下向きにより速く移動できる」だ．もし，下向きよりも上向きに速く移動することができれば，議論の上下が逆転するので，上を向いて低い位置でまちぶせすればよいことになる．しかし，重力のことを考えると，このシナリオはありそうにない．

最後に 3)「襲撃時間はクモの移動時間と方向転換にかかる時間の合計で決まる」だ．この前提は，絶対に正しいかというと，確かに心もとないところがある．というのは，網にかかったエサは，時々網の上を転げ落ちてくることがあるのだ（図 6.5）．何本もの横糸が体についたエサが，逃げ出そうとしてもがいていると，一部の横糸だけが体から外れることがある．すると，バランスが崩れたエサは網上を少し落ちて，下にある横糸に再び付着する．このとき勢いでまた何ヶ所かで横糸が外れると，エサはさらに網上を少し下に落ちる．これが繰り返されると，エサは網上をじりじり落下していくことになる．この転げ落ちは，網の上方でかかったエサをクモに近づけ，逆に下方のエサを遠ざける効果をもつ．

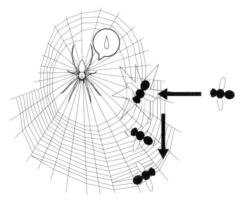

図 6.5　網上でのエサの転げ落ち

網の下半分にかかったエサが転げ落ちると，クモから遠ざかっていくので，捕まえにくくなる．クモには困った事態である．

これはよく考えてみると，前提 2)「クモは下向きにより速く移動できる」を正しいとした上の議論に，再検討を迫るもののようにも思われる．2) をクモの移動速度のみとして捉えるのではなく，こしきからエサがかかった場所までの距離を，エサに襲いかかるまでに必要な時間で割ったもの，として考えよう．転げ落ちがあれば，網の上方にエサがかかったときのほうが，下方にかかったときよりも短い時間でクモとエサが遭遇できる可能性がある．こう考えれば 2) は必ずしも正しくはないのかもしれない．であれば，この転げ落ちの効果を考慮に入れて最適採餌仮説を拡張してやればよいのではないか？

とはいえこの要素を Box1 のような数式に表すのは難しい．そこで私たちはシミュレーションに頼ることにした．仮想の網（今回はより現実的に円形の網にした）とクモをコンピューターの中に作り上げたのだ．そして 1)～3) に加えて，4) エサが一定の確率と速さで網を転げ落ちることがあり（転げ落ちが止まることもある），クモはエサを追いかけて方向を変えながら網の上を移動する，ことを条件として組みこんだ．そうして私たちは，クモの上下方向への移動速度，方向転換速度，エサの転げ落ちと停止の確率と速度をさまざまに変えて，最もエサを多く捕まえられる，まちぶせ位置と頭の向きを調べた．

その結果はやはり，最もエサを多く捕まえられるやり方は，ほとんどの場合で，下を向いて高い位置でまちぶせすることだった．しかし，今度の私たちは例外を発見したのである．クモの上下の移動速度の差が小さく，かつ転げ落ちが起こる場合には，低い位置でまちぶせしたほうがエサが多く獲れたのだ．そして，このほとんどで，頭を上向きにしたほうが，下向きよりもエサを多く獲れていた (Zschokke & Nakata 2010).

Box 1　網のサイズ非対称性と頭の向きの最適化

どのようなサイズ非対称性をもった網を張り，どちらに頭を向けていれば襲撃時間を最小にできるだろうか？　話を単純にするために，網を二次元に広がる円いものではなく，垂直に張られた直線状のものだとしよう．エサはこの直線上のランダムな位置にかかるとする．ここでは，クモがこの網の上のいろんな位置で上または下を向いて網にとまるとして，その中で最も襲撃時間を短くするやり方を割り出すことを目的とする．

図 a は，網の幾何学的中心（網の最上部と最下部の中間点）で下を向いてとまったクモがエサを襲う場合の，エサが網にかかった位置（縦軸）と襲撃時間（横軸）の関係を示したものである．縦軸の長さが網の大きさに対応している．さて，クモの位置より下にエサがかかった場合，襲撃時間はクモの移動時間（エサまでの距離に比例する）と同じになる．そのため，グラフと縦軸，横軸が作る図形は三角形になる．一方，クモより上にエサがかかった場合は，クモは移動を始める前に下向きから上向きへ方向転換する必要がある．この方向転換のための時間が移動時間に加わるので，グラフが作る図形は台形となる．ここで，方向転換にかかる時間，上方ないし下方に移動する速度は，クモの形態や重さ，感覚器の性能などによって決まる固定した値だと考える．

このグラフでは，クモの襲撃時間の期待値 T は，下方向の三角形の面積と上方向の台形の面積を足したもので表すことができる．この面積は，クモがエサを待つ位置によって変わってくる．この面積を式で表してみよう．網の最下部を 0，最上部を 1 として，クモがエサを待つ位置を $x(0 \leq x \leq 1)$ とする．上方向，下方向に移動する速度をそれぞれ S_u, S_d とし，方向転換にかかる時間を R とする．すると，下方向の三角形は，底辺が距離 x を速度 S_d で移動するのにかかる時間になるので x/S_d，高さが x となる．$d = 1/S_d$ とすると，この面積は

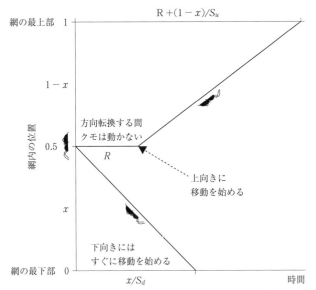

図a　クモがこしきから移動するときの距離と時間の関係

$$d \cdot x^2/2$$

である．

　上方向の台形は，高さが $(1-x)$，下底が R である．上底は，時間 R を経過した後に距離 $(1-x)$ を速度 S_u で移動するのにかかる時間になるので $(R+(1-x)/S_u)$ となる．$u=1/S_u$ とすると，この面積は

$$(1-x)R + u(1-x)^2/2 = ux^2/2 - x(R+u) + R + u/2$$

となる．両者を足して式をまとめると，

$$T_d = (u+d)x^2(1/2) - x(R+u) + R + u/2$$

となる．これは下に凸の二次関数で，$x_d = (R+u)/(u+d)$ のときに，最小値

$$R + u/2 - (R+u)^2/2(u+d)$$

となる.

さて,

$$x_d = (R+u)/(u+d)$$
$$= R/(u+d) + u/(u+d)$$

である. 重力の影響のため, クモが上方向よりも下方向に速く移動できるのであれば, $S_d > S_u$ なので, $d < u$ である. このとき, $u/(u+d) > 1/2$ となり, $R/(u+d) > 0$ なので, T_d を最小にする x_d は必ず 1/2 よりも大きくなる. つまり, 下を向いて網にとまり上方向より下方向に速く移動できるクモは, 襲撃時間を最小にするためには網の幾何学的中心よりも高い位置でエサを待つ必要があるということである.

またこのとき三角形の底辺は,

$$d(R+u)/(u+d)$$

台形の上底は,

$$R + u(1 - (R+u)/(u+d))$$
$$= (uR + dR + u(u+d-R-u))/(u+d)$$
$$= (dR + du)/(u+d)$$
$$= d(R+u)/(u+d)$$

となり, 両者は一致する. これは, 襲撃時間を最小にする網では, クモはその上端と下端に同じ時間で到達できる, という意味である. これを**図 b** に示した.

クモが上を向いてとまっているときも考えてみよう. このとき, 三角形ができるのはグラフの上方である. その面積は

$$u(1-x)^2/2$$

となる. 台形は下方にでき, その面積は,

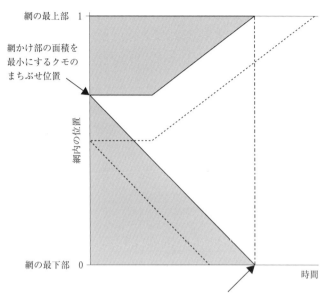

図b 平均襲撃時間を最短にする位置(網の幾何学的中心より高い場所になる)でまちぶせするクモは,網の最上部と最下部に同じ時間で到達する

$$dx^2/2 + xR$$

である.

襲撃時間の期待値を T_u とすると

$$T_u = (u+d)x^2(1/2) - x(u-R) + u/2$$

となる.これは

$$x_u = (R-u)/(u+d)$$

のときに,最小値 $u/2 - (R-u)^2/2(u+d)$ をとる.また,三角形の底辺,台形の上底ともに $u(R+d)/(u+d)$ となる.つまり,襲撃時間が最小になる網でクモがその上端と下端に同じ時間で到達できるという

ことは,下向きの場合と同じである.ちなみに,下向きのクモにとっての襲撃時間を最小にする x_d は 1/2 より必ず大きかったのに対して,上向きのクモにとっての x_u は 1/2 より大きい場合もあるし,小さい場合もある.

さて,クモにとって下向きと上向きとどちらがエサを獲りやすいだろうか? このことは,下向きにとまるクモの襲撃時間 T_d の最小値と上向きのクモの襲撃時間 T_u の大きさを比較すればよい.そのために前者から後者を引くと

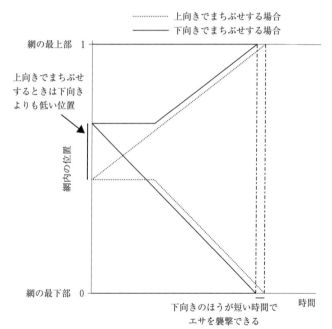

図c 下向きでまちぶせするクモと上向きでまちぶせするクモのこしきの位置と,襲撃時間の違い

$$R - (R+u)^2/2(u+d)$$
$$+ (R-u)^2/2(u+d)$$
$$= R - 2uR/(u+d)$$
$$= R(1 - 2u/(u+d))$$

となる．$u/(u+d) > 1/2$ より $1 - 2u/(u+d) < 0$ で，また $R > 0$ なので，これは常に負の値になる．つまり，下向きにとまるクモは上向きのクモよりも平均的に短い時間でエサに襲いかかることができ，エサを獲りやすいといえる．

次に，下向きにとまるクモにとって最もエサを捕まえやすいまちぶせ位置 x_d と上向きのクモのまちぶせ位置 x_u を比べるため，差をとってみる．すると，$x_d - x_u = 2u/(u+d)$ となり，これは常に正の値になる．つまり，下向きにとまるクモのまちぶせ位置は上向きのクモと比べて常に高いといえる（図 c）．

6.5 下りはよいよい，上りはこわい

頭を上向きにして低い位置でまちぶせするとエサをたくさん獲れる場合がある，というシミュレーションの結果は，ギンメッキやギンナガ，ミナミノシマで見られる現象を見事に説明していた．とはいえ，やはりこれも後づけの説明であるといわれればそのとおりだ．

しかし同時にシミュレーションは，上向きに網にとまり上半分の大きな網を張ることが，エサを獲る上で有利になる条件も示していた．その条件とは，エサの転げ落ちがあることと，クモの移動速度が上下であまり差がないことだった．このうち，エサの転げ落ちがしばしばあることを私たちはすでに知っていたが，ゴミグモ属のクモが網の上を走る速さはまだ世界で誰も計測したことがなかった．

図 6.6 中で網を張らせるためのアクリル製の透明枠
クモの足場用に内側に紙を貼っている．

ということは，この条件を予測と考えて，実際はどうなっているかを観察すれば，「クモの頭の向きと網のサイズ非対称性がエサをより多く捕まえるための適応である」，という拡張最適採餌仮説の当否を確かめることができる！

そこで私は 4 種のクモを採集して実験室に連れ帰り，45 cm 四方の透明アクリル製の枠（**図 6.6**）の中に入れて網を張らせた．そして，撮影用ステージの前に網を枠ごとセットして，網の上または下方向にエサ（小型のギンメッキ，ギンナガ，ミナミノシマではショウジョウバエ，それより大きなゴミグモにはヒラタアブの仲間）をかけ，クモが襲う様子をビデオに撮影した．第 5 章でゴミグモが網を引っ張っていることに気がついたきっかけになったのがこの撮影のときだ．

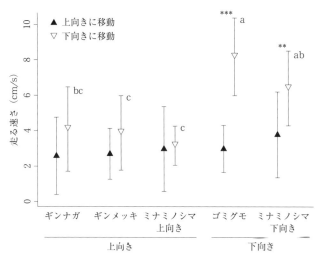

図 6.7 ゴミグモ属のクモに見られる，網の上を移動する速度の上下差と頭の向きの関係

アスタリスクは上下差に有意な差があることを示す．違うアルファベットがついたクモでは，走る速さに有意な違いが見られた（Nakata & Zschokke 2010，エラーバーは標準偏差）．

　そしてその動画を使ってクモの走る速度を上下方向で計測したところ，またもや予測は見事に的中した．下向きのクモは，ゴミグモもミナミノシマゴミグモも，上向きより下向きに速く走っていたのに対して，上向きのクモでは，走る速さに上下で違いがなかったのだ（**図 6.7**）．あまりにドンピシャでこわくなるくらいだ（それにしても，予測が的中してばかりでお前はどこの預言者か，と我ながら書いていて思うのだが，単に外れた予測は忘れているだけのことなので調子に乗ってはいけない）．

　なぜギンメッキやギンナガ，上向きに網にとまるミナミノシマでは，下向きと同じような速さで上向きに走ることができるのだろう？　1つの可能性がクモの大きさだ．体が大きく重くなれば，

重力に逆らって網を上向きに素早く登るのは難しくなるだろう (Moya-Laraño *et al.* 2002; Moya-Laraño *et al.* 2007). 下向きに走るときはそのような負荷はかからないので, クモが大きくなるにつれ, 上下の速度差が大きくなっていくはずだ. 実際, ギンメッキやギンナガはゴミグモと比べて体が小さい. 体重で見ると, ギンメッキ, ギンナガは 20〜40 mg 程度にしかならないのに対して, ゴミグモは 200 mg を超えることもあり, 文字どおりケタが違う. そして, ミナミノシマで頭の向きと頭胸部の大きさの関係を調べてみると, 小さな個体が上を向き, 大きな個体が下を向いていることが多かった.

私たちのシミュレーションでは, 上下の速度差が大きくなればなるほど, 網の下側を大きくすべきであることが示されていた. 現実の世界でも, クモの重さが上下の速度差を通じてサイズ非対称性に影響すると考えられる. 実際, 網のサイズ非対称性はクモの成長に伴い変化し, 下半分の占める割合が次第に大きくなることが, 以前から知られていた. そして近年は, サイズ非対称性に影響するのは成長そのものではなく, 成長に伴う体重の増加であることもわかってきた (Gregorič *et al.* 2013; Kuntner *et al.* 2010; Nakata 2010b). 加えて, クモに重りを背負わせて網を張らせるという, ちょっとかわいそうな実験をすると, 網の下半分が通常より大きくなることもわかっている (Herberstein & Heiling 1999). やはりクモの重さは重要らしい.

これらのことから, 網の形と頭の向きは, 重力が影響するこの世界でできるだけ短時間でエサを襲って逃がさないようにするための, クモの適応であるといっていいだろう. 重力の影響は, クモの移動速度の上下差と, エサの転げ落ちの2つに現れる. 前者への影響が強くなると網の下側でエサが獲りやすくなり, 後者の影響が強

くなると網の上側でエサが獲りやすくなる．網の面積はエサが獲りやすい方向に広げるべきで，加えて同じ方向に頭を向ければ，よりその方向でエサを獲りやすくなる．ほとんどのクモでは，重力の影響は移動速度の差に強く現れるため，下半分の大きな網が張られ，クモ自身は下を向いてまちぶせするということだろう．

6.6 縦糸横糸の上下非対称性

網にはサイズ以外の特徴にも，上下で非対称性がある．エサの転げ落ちは，その中の1つである網目幅（横糸の間隔）に見られる上下の非対称性とも関係しているかもしれない（図6.1）．というのは，多くの種のクモで，網の下側，特にその最下部で網目幅が小さくなっていること，すなわち横糸の間隔が詰まっていることが知られているのだ．これは，網の最下部は他の場所よりもエサを網上に保持する能力が高いことを意味する．横糸の密度が高いと網の粘着性が強くなるからだ．このような性質を網にもたせるのは，エサの転げ落ち対策として有効だろう．網の最下部が，転げ落ちてきたエサへの最後のストッパーになるわけだ．

とはいえ，いかに筋が通っているように思えても，科学の世界では即断は禁物である（このことは何度強調してもしすぎることはない，と私はいいたい）．網目幅に見られる非対称性は，網の上下で大きさが違うこと（サイズ非対称性）から生じる副産物で，エサを獲るための意味はないかもしれないのだ．サイズ非対称性は横糸の張り方に何らかの形で影響しているはずである．網の面積を広げるには，横糸の数を増やすか，横糸の間隔を広げるしか方法はないからだ．とはいえ，これは面積の大きな網の下側で横糸間隔が詰まることの説明にはならない．

網の形をよくよく見れば，網目幅だけでなく，横糸の本数と，縦

糸の本数，もしくは隣り合う縦糸同士のなす角度も上下で違っていることに気がつく．一般的には，横糸は網の上側より下側で数が多い．また，縦糸は上側より下側のほうが数が多い．言い換えると，隣り合う縦糸の角度は網の下側のほうが小さい．

この隣り合う縦糸の角度に見られる非対称性を介して，サイズ非対称性が横糸間隔に影響しているというシナリオが考えられる．縦糸は放射状に張られているので，隣り合う2本の縦糸の間隔は，こしきから離れれば離れるほど広がっていく．もし縦糸の間の角度がどの方向でも同じであれば，網の最も外側部分での隣り合う縦糸の間隔は，こしきからより遠くにある網の下側のほうが，上側よりも大きくなる．この距離が大きくなりすぎると，網の下側はぶつかったエサによって網が壊れやすくなるはずだ．これを防ぐには，網の下側で，縦糸の間の角度を小さくすればよい（**図 6.8**, Zschokke 2002）．

そして縦糸間の距離が短くなれば，それに合わせて横糸間の距離も短くなったほうがよいかもしれない．第4章で説明したように，エサを捕獲するには，エサの動きを止める能力と，エサを網の上に

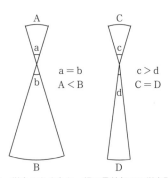

図 6.8 縦糸のなす角と，網の最外部での縦糸間距離
下半分の大きな網では，縦糸のなす角が同じであれば，最外部での距離が大きくなる．

留める能力の2つが必要だ．この2つをバランスよく備えた網は効率がよいだろう．そうでない網，たとえば縦糸をたくさんもっておりエサの動きを止める能力は抜群だが，横糸の密度が小さく粘着性が低いため，止めたエサにすぐ脱出される網では，たくさんのエサを獲るのは難しい．そして，この2つの能力を網上で過不足なくバランスさせるためには，縦糸あたりの横糸数が一定であるとよいだろう．ということは，縦糸密度が高いところでは横糸密度も高くすべきだ，というシナリオだ．

こう考えると，網の下側で横糸間隔が小さくなり，特に最下部で密になるのは，エサへの転げ落ちへの対応のためかもしれないし，サイズ非対称性が縦糸の非対称性を通じて横糸の非対称性を生み出しているためかもしれない．私たちは，ゴミグモ属の逆さまの網を使えば，この2つの可能性を区別することができると考えた．転げ落ちへの対応であれば，下側の大きな普通の網であろうと，逆さまの網であろうと，網の最下部で横糸が密に張られるはずだ．一方，逆さまの網の上側で横糸が密に張られていれば，サイズ非対称性の副作用として普通の網の最下部で横糸間隔が狭まっていることになる．この仮説は「サイズが大きい方向で縦糸の角度が小さくなり横糸の間隔が密になる」ことを予測するからだ．

6.7　円網の形態と重力

こう考えた私たちは，サイズ非対称性を調べた4種のゴミグモ属のクモを捕ってきて室内で網を張らせ，その写真を撮影した．そして，網全体を上下左右の4つの区画に分け，網の半径，横糸の本数，隣り合う横糸の間隔，隣り合う縦糸のなす角度をそれぞれの区画で測った．さらに網の外側から内側にかけて長さで1/4ずつの領域に分け，上下方向の一番外側の区画で横糸の間隔を見てみた（こ

のような精密な測定は野外の環境では難しいので，写真を使ったわけだ）．すると，ゴミグモ11個体，ギンナガ12個体，ギンメッキ23個体，ミナミノシマ47個体の計93個体のすべての網で，横糸の間隔は上側と比べて下側で狭かった．やはり，網の最下部の密な横糸はエサの転げ落ちへの対応らしい．

さらに，隣り合う縦糸のなす角度を上下で比べてみると，ミナミノシマ1個体を除く92個体すべてで上側が大きかった．これは，「網の一番外側の部分で隣り合う縦糸の間隔がどの方向でも一定になるよう，面積の大きい方向で縦糸間の角度を小さくする必要がある」というシナリオとは完全に矛盾する．

では縦糸の非対称性はどうして生じるのだろう？　1つの可能性が，横糸の絡みつき防止だ（Eberhard 2014）．野外で風を受けた横糸は，隣り合った縦糸に付着している2つの点の間で揺れる．この2点間の距離が長いと，風で揺れる横糸の振幅は大きくなる．にもかかわらず，横糸間隔が小さいと，揺れる横糸が絡み合って1つになってしまい，網の粘着性能が低下するだろう．それを避けるために，横糸間隔が小さい網の下側で，縦糸間の距離が小さくなっている，というシナリオだ（**図6.9**）．この説明が正しいとしたら，エサの転げ落ちが縦糸の非対称性に間接的に影響していることになる．

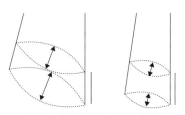

図6.9　横糸の絡みつき防止仮説
縦糸同士の距離が大きくなると，横糸が風で大きく揺れ（点線），隣り合う糸が絡みつく可能性があるので，それを避けるため縦糸の角度を小さくする．

それにしても，本当にサイズ非対称性は横糸縦糸の非対称性と無関係なのだろうか？　これを検討するために，私たちは網サイズ，横糸の本数と間隔，縦糸のなす角度の非対称性の程度を，

非対称性示数 =（上側の値 − 下側の値）/（上側の値 + 下側の値）

という式を使って計算した．この示数は，プラスの値だと上側の計測値が大きく，マイナスだと下側の計測値が大きいことを意味する．また，非対称性の程度が激しくなるほど示数の絶対値が大きくなる．

　私たちは，網サイズの非対称性示数に対する，各測定値（横糸本数，横糸間隔，縦糸のなす角）の非対称性示数の回帰直線を，それぞれの種で計算した．すると結果には種間で違いがないことがわかった．そのため4種のデータを全部合わせて，もう一度回帰直線を計算し直し，その傾きと切片がゼロと異なっているかどうかを確かめた．傾きがゼロではない場合，横糸や縦糸の非対称性がサイズ非対称性の影響を受けているという意味になる．また，切片がゼロでない場合は，上下の大きさに差がない対称な網でも横糸や縦糸の非対称性が見られることを意味している（図6.10）．これは，横糸や縦糸の非対称性が，単純なサイズ非対称性の副産物ではなく，それ自身が何らかの意味をもっているということである．

　すると結果は，3つの測定値のすべてで，回帰直線の傾き，切片のどちらもゼロではなかった．まず，サイズ非対称性と横糸本数の非対称性の間の回帰直線の傾きは正，切片は負の値だった．つまり，ゴミグモ属のクモは，上下の大きさが同じであれば，下側で横糸が多くなるよう網を張り，上下で大きさが違えば，それに合わせて横糸の本数を増やしている，ということである．サイズ非対称性と横糸間隔の非対称性の間では，傾き，切片ともに正の値だった．

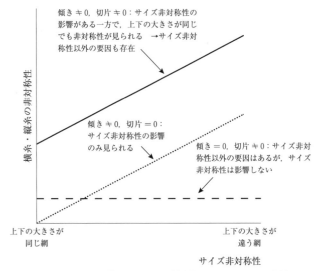

図 6.10 サイズ非対称性と，横糸・縦糸の非対称性の間に見られる可能性のある関係と，その意味

これは，上下対称な網では上側で横糸間隔が広く，上下の大きさが異なれば，大きな側で横糸間隔が増大するということだ．そしてサイズ非対称性と縦糸のなす角の非対称性の間では，傾きは負，切片は正の値だった．対称な網では縦糸のなす角は上側で大きくなるが，上下で大きさが違う場合，大きい側で角度は小さくなる，ということである．ということで，サイズ非対称性も横糸縦糸の非対称性とかかわっているといえるだろう (Zschokke & Nakata 2015).

サイズ非対称性は，重力がクモの走る速さとエサの転げ落ちに影響されて生じたものだ．ということは，横糸縦糸も含む網の非対称性の理由は，元をたどればすべて重力にいきつくことになる．典型的な網では，重力のために下側の大きな網が作られる．もし横糸の本数が上下で変わらないとすれば，下側が大きくなればなるほど横

糸の間隔は下側で広がるはずだが，一方でエサの転げ落ちに対処するため，網の下側では横糸の間隔を狭める必要性がある．そのため多くの網では，下側で横糸間隔が狭く本数が多くなるのだろう．一方，網の下側でサイズが大きいことと横糸間隔が狭いことは，縦糸のなす角を小さくすることにつながるのである．このような因果関係の連鎖によって横糸縦糸の配置が決まっている，と考えるのが現在のところの私たちの結論だ (Zschokke & Nakata 2015)．つまり，円網にはその細かな形態的特徴にまで，エサをできるだけ多く獲るための適応が見られ，そこには重力の影響が色濃く映し出されているのである．

引用文献

ap Rhisiart, A., Vollrath, F. (1994) Design features of the orb web of the spider, *Araneus diadematus*. *Behav. Ecol.*, **5**: 280-287.

Barghusen, L., Claussen, D., Anderson, M., Bailer, A. (1997) The effects of temperature on the web-building behaviour of the common house spider, *Achaearanea tepidariorum*. *Funct. Ecol.*, **11**: 4-10.

Barth, F. G. (2002) *A spider's world: senses and behavior*. Berlin: Springer-Verlag.

Beachly, W. M., Stephens, D. W., Toyer, K. B. (1995) On the economics of sit-and-wait foraging: site selection and assessment. *Behav. Ecol.*, **6**: 258-268.

Becker, N., Oroudjev, E., Mutz, S., Cleveland, J. P., Hansma, P. K., Hayashi, C. Y., Makarov, D. E., Hansma, H. G. (2003) Molecular nanosprings in spider capture-silk threads. *Nat. Mater.*, **2**: 278-283.

Bjorkman-Chiswell, B. T., Kulinski, M. M., Muscat, R. L., Nguyen, K. A., Norton, B. A., Symonds, M. R. E., Westhorpe, G. E., Elgar, M. A. (2004) Web-building spiders attract prey by storing decaying matter. *Naturwiss.*, **91**: 245-248.

Blackledge, T. A., Wenzel, J. W. (2001) Silk mediated defense by an orb web spider against predatory mud-dauber wasps. *Behaviour*, **138**: 155-171.

Blackledge, T. A., Zevenbergen, J. M. (2006) Mesh width influences prey retention in spider orb webs. *Ethology*, **112**: 1194-1201.

Blamires, S. J., Lai, C.-H., Cheng, R.-C., Liao, C.-P., Shen, P.-S., Tso, I.-M. (2012) Body spot coloration of a nocturnal sit-and-wait predator visually lures prey. *Behav. Ecol.*, **23**: 69-74.

Blamires, S. J., Lee, Y.-H., Chang, C.-M., Lin, I.-T., Chen, J.-A., Lin, T.-Y., Tso, I.-M. (2010) Multiple structures interactively influence prey capture efficiency in spider orb webs. *Anim. Behav.*, **80**: 947-953.

Bruce, M. J. (2006) Silk decorations: controversy and consensus. *J. Zool.*, **269**: 89-97.

Bruce, M. J., Herberstein, M. E., Elgar, M. A. (2001) Signalling conflict between prey and predator attraction. *J. Evol. Biol.*, **14**: 786-794.

Cheng, R.-C., Tso, I.-M. (2007) Signaling by decorating webs: luring prey or deterring predators? *Behav. Ecol.*, **18**: 1085-1091.

Cheng, R.-C., Yang, E.-C., Lin, C.-P., Herberstein, M. E., Tso, I.-M. (2010) Insect form vision as one potential shaping force of spider web decoration design. *J. Exp. Biol.*, **213**: 759-768.

Cloudsley-Thompson, J. L. (1995) A review of the anti-predator devices of spiders. *Bull. Br. Arachnol. Soc.*, **10**: 81-96.

Craig, C. L. (1986) Orb-web visibility: the influence of insect flight behaviour and visual physiology on the evolution of web design within the Araneoidea. *Anim. Behav.*, **34**: 54-68.

Craig, C. L. (2003) *Spider webs and silk: tracing evolution from molecules to genes to phenotypes.* New York: Oxford University Press.

Craig, C. L., Bernard, G. D. (1990) Insect attraction to ultraviolet-reflecting spider webs and web decorations. *Ecology*, **71**: 616-623.

Craig, C. L., Bernard, G. D., Coddington, J. (1994) Evolutionary shifts in the spectral properties of spider silks. *Evolution*, **48**: 287-296.

Cushing, P. E., Opell, B. D. (1990) Disturbance behaviors in the spider *Uloborus glomosus* (Araneae, Uloboridae): possible predator avoidance strategies. *Can. J. Zool.*, **68**: 1090-1097.

Eberhard, W. G. (2014) A new view of orb webs: multiple trap designs in a single structure. *Biol. J. Linn. Soc.*, **111**: 437-449.

Enders, F. (1973) Selection of habitat by the spider *Argiope aurantia* Lucas (Araneidae). *Am. Midl. Nat.*, **90**: 47-55.

Foelix, R. (2010) *Biology of spiders.* Oxford University Press.

Gatesy, J., Hayashi, C., Motriuk, D., Woods, J., Lewis, R. (2001) Extreme diversity, conservation, and convergence of spider silk fibroin sequences. *Science*, **291**: 2603-2605.

Gawryszewski, F., Motta, P. (2012) Colouration of the orb-web spider *Gasteracantha cancriformis* does not increase its foraging success. *Ethol. Ecol. Evol.*, **24**: 23-38.

Gregorič, M., Kiesbüy, H., Quiñones Lebrón, S., Rozman, A.,

Agnarsson, I., Kuntner, M. (2013) Optimal foraging, not biogenetic law, predicts spider orb web allometry. *Naturwiss.*, **100**: 263–268.

Harwood, J. D., Sunderland, K. D., Symondson, W. O. C. (2001) Living where the food is: web location by linyphiid spiders in relation to prey availability in winter wheat. *J. Appl. Ecol.*, **38**: 88–99.

Hawthorn, A. C., Opell, B. D. (2002) Evolution of adhesive mechanisms in cribellar spider prey capture thread: evidence for van der Waals and hygroscopic forces. *Biol. J. Linn. Soc.*, **77**: 1–8.

Heiling, A. M. (1999) Why do nocturnal orb-web spiders (Araneidae) search for light? *Behav. Ecol. Sociobiol.*, **46**: 43–49.

Heiling, A. M., Herberstein, M. E. (1999) The role of experience in web-building spiders (Araneidae). *Anim. Cogn.*, **2**: 171–177.

Herberstein, M. E., Heiling, A. M. (1999) Asymmetry in spider orb webs: a result of physical constraints? *Anim. Behav.*, **58**: 1241–1246.

Jackson, R. R., Nelson, X. J., Sune, G. O. (2005) A spider that feeds indirectly on vertebrate blood by choosing female mosquitoes as prey. *Proc. Natl. Acad. Sci. U. S. A.*, **102**: 15155–15160.

Janetos, A. C. (1982) Active foragers vs. sit-and-wait predators: a simple model. *J. Theor. Biol.*, **95**: 381–385.

Johnson, A., Revis, O., Johnson, J. C. (2011) Chemical prey cues influence the urban microhabitat preferences of Western black widow spiders, *Latrodectus hesperus*. *J. Arachnol.*, **39**: 449-453.

Kelly, S. P., Sensenig, A., Lorentz, K. A., Blackledge, T. A. (2011) Damping capacity is evolutionarily conserved in the radial silk of orb-weaving spiders. *Zoology*, **114**: 233-238.

Klärner, D., Barth, F. G. (1982) Vibratory signals and prey capture in orb-weaving spidres (*Zygiella x-notata*, *Nephila clavipes*; Araneidae). *J. Comp. Physiol. A*, **148**: 445-455.

Knoflach, B., Benjamin, S. P. (2003) Mating without sexual cannibalism in *Tidarren sisyphoides* (Araneae, Theridiidae). *J. Arachnol.*, **31**: 445-448.

Kondo, S., Tatsuta, H., Tsuji, K. (2012) Carcass decoration changes web structure and prey capture rate in an orb-web spider, *Cyclosa mulmeinensis* (Araneae, Araneidae). *J. Insect Behav.*, **25**: 518-528.

Kuntner, M., Gregorič, M., Li, D. (2010) Mass predicts web asymmetry in *Nephila* spiders. *Naturwiss.*, **97**: 1097-1105.

Landolfa, M. A., Barth, F. G. (1996) Vibrations in the orb web of the spider *Nephila clavipes*: cues for discrimination and orientation. *J. Comp. Physiol. A*, **179**: 493-508.

Li, D., Kok, L. M., Seah, W. K., Lim, M. L. M. (2003) Age-dependent stabilimentum-associated predator avoidance behaviours in orb-weaving spiders. *Behaviour*, **140**: 1135-1152.

Li, D., Lee, W. S. (2004) Predator-induced plasticity in web-building behavior. *Anim. Behav.*, **37**: 309-318.

Liao, C.-P., Chi, K.-J., Tso, I.-M. (2009) The effects of wind on trap structural and material properties of a sit-and-wait predator. *Behav. Ecol.*, **20:** 1194-1203.

Lin, L. H., Edmonds, D. T., Vollrath, F. (1995) Structural engineering of an orb-spider's web. *Nature*, **373:** 146-148.

Lin, T.-S., Zhang, S., Liao, C.-P., Hebets, E. A., Tso, I.-M. (2015) A dual function of white coloration in a nocturnal spider *Dolomedes raptor* (Araneae: Pisauridae). *Anim. Behav.*, **108:** 25-32.

Lubin, Y., Ellner, S., Kotzman, M. (1993) Web relocation and habitat selection in a desert widow spider. *Ecology*, **74:** 1915-1928.

Maimon, G., Straw, A. D., Dickinson, M. H. (2008) A simple vision-based algorithm for decision making in flying *Drosophila*. *Curr. Biol.*, **18:** 464-470.

Masters, W. M. (1984) Vibrations in the orbwebs of *Nuctenea sclopetaria* (Araneidae). *Behav. Ecol. Sociobiol.*, **15:** 217-223.

Masters, W. M., Markl, H. (1981) Vibration signal transmission in spider orb webs. *Science*, **213:** 363-365.

Masters, W. M., Moffat, A. J. M. (1983) A functional explanation of top-bottom asymmetry in vertical orb webs. *Anim. Behav.*, **31:** 1043-1046.

McNett, B. J., Rypstra, A. L. (1997) Effects of prey supplementation on survival and web site tenacity of *Argiope trifasciata* (Araneae, Araneidae): a field experiment. *J. Arachnol.* **25:** 352-360.

Mcnett, B. J., Rypstra, A. L. (2000) Habitat selection in a large orb-weaving spider: vegetational complexity determines site selection and distribution. *Ecol. Entomol.*, **25**: 423-432.

Mestre, L., Lubin, Y. (2011) Settling where the food is: prey abundance promotes colony formation and increases group size in a web-building spider. *Anim. Behav.*, **81**: 741-748.

Mori, Y., Nakata, K. (2008) Optimal foraging and information gathering: how should animals invest in repeated foraging bouts within the same patch? *Evol. Ecol. Res.*, **10**: 823-834.

Mouginot, P., Prügel, J., Thom, U., Steinhoff, Philip O. M., Kupryjanowicz, J., Uhl, G. (2015) Securing paternity by mutilating female genitalia in spiders. *Curr. Biol.*, **25**: 2980-2984.

Moya-Laraño, J., Halaj, J., Wise, D. H. (2002) Climbing to reach females: romeo should be small. *Evolution*, **56**: 420-425.

Moya-Laraño, J., Vinković, D., Allard, C., Foellmer, M. (2007) Gravity still matters. *Funct. Ecol.*, **21**: 1178-1181.

中田兼介 (2015) 食う食われる中でのクモの「見た目」(特集 クモ研究の現在:新たな技術と視点から). 生物科学, **66**: 79-88.

Nakata, K. (2007) Prey detection without successful capture affects spider's orb-web building behaviour. *Naturwiss.*, **94**: 853-857.

Nakata, K. (2008) Spiders use airborne cues to respond to flying insect predators by building orb-web with fewer silk thread and larger silk decorations. *Ethology*, **114**: 686-692.

Nakata, K. (2009) To be or not to be conspicuous: the effects of prey availability and predator risk on spider's web decoration building. *Anim. Behav.*, **78**: 1255-1260.

Nakata, K. (2010a) Attention focusing in a sit-and-wait forager: a spider controls its prey-detection ability in different web sectors by adjusting thread tension. *Proc. R. Soc. B*, **277**: 29-33.

Nakata, K. (2010b) Does ontogenetic change in orb-web asymmetry reflect biogenetic law? *Naturwiss.*, **97**: 1029-1032.

Nakata, K. (2013) Spatial learning affects thread tension control in orb-web spiders. *Biol. Lett.*, **9**: 20130052.

Nakata, K. (2016) Female genital mutilation and monandry in an orb-web spider. *Biol. Lett.*, **12**: 20150912.

Nakata, K., Shigemiya, Y. (2015) Body-colour variation in an orb-web spider and its effect on predation success. *Biol. J. Linn. Soc.*, **116**: 954-963.

Nakata, K., Ushimaru, A. (1999) Feeding experience affects web relocation and investment in web threads in an orb-web spider, *Cyclosa argenteoalba*. *Anim. Behav.*, **57**: 1251-1255.

Nakata, K., Ushimaru, A. (2004) Difference in web construction behavior at newly occupied web sites between two *Cyclosa* species. *Ethology*, **110**: 397-411.

Nakata, K., Ushimaru, A., Watanabe, T. (2003) Using past experience in web relocation decisions enhances the foraging efficiency of the spider *Cyclosa argenteoalba*. *J. Insect Behav.*, **16**: 371-380.

Nakata, K., Zschokke, S. (2010) Upside-down spiders build upside-down orb webs: web asymmetry, spider orientation and running speed in *Cyclosa*. *Proc. R. Soc. B*, **277**: 3019-3025.

Nentwig, W. (1985) Top-bottom asymmetry in vertical orbwebs: a functional explanation and attendand complications. *Oecologia*, **67**: 111-112.

Opell, B. (1994) The ability of spider cribellar prey capture thread to hold insects with different surface features. *Funct. Ecol.*, **8**: 145-150.

Opell, B. (1998) Economics of spider orb-webs: the benefits of producing adhesive capture thread and of recycling silk. *Funct. Ecol.*, **12**: 613-624.

Opell, B. D., Hendricks, M. L. (2007) Adhesive recruitment by the viscous capture threads of araneoid orb-weaving spiders. *J. Exp. Biol.*, **210**: 553-560.

Riechert, S. E., Gillespie, R. G. (1986) Habitat choice and utilization in web-building spiders. In: W. A. Shear (ed), *Spiders: Webs, Behavior and Evolution*. 23-48. Stanford: Stanford University Press.

Riechert, S. E., Tracy, C. R. (1975) Thermal balance and prey availability: bases for a model relating web-site characteristics to spider reproductive success. *Ecology*, **56**: 265-284.

Rittschof, C., Ruggles, K. (2010) The complexity of site quality: multiple factors affect web tenure in an orb-web spider. *Anim. Behav.*, **79**: 1147-1155.

Samu, F., Sunderland, K. D., Topping, C. J., Fenlon, J. S. (1996) A spider population in flux: selection and abandonment of artificial web-sites and the importance of intraspecific interactions in *Lepthyphantes tenuis* (Araneae: Linyphiidae) in wheat. *Oecologia*, **106**: 228-239.

Sensenig, A. T., Lorentz, K. A., Kelly, S. P., Blackledge, T. A. (2012) Spider orb webs rely on radial threads to absorb prey kinetic energy. *J. Royal Soc. Interface*, **9**: 1880-1891.

Stafstrom, J. A., Hebets, E. A. (2016) Nocturnal foraging enhanced by enlarged secondary eyes in a net-casting spider. *Biol. Lett.*, **12**: 20160152.

Tan, E. J., Li, D. (2009) Detritus decorations of an orb-weaving spider, *Cyclosa mulmeinensis* (Thorell): for food or camouflage? *J. Exp. Biol.*, **212**: 1832-1839.

Tanaka, K. (1989) Energetic cost of web construction and its effect on web relocation in the web-building spider *Agelena limbata*. *Oecologia*, **81**: 459-464.

Théry, M., Casas, J. (2009) The multiple disguises of spiders: web colour and decorations, body colour and movement. *Philos. Trans. R. Soc. Lond. B Biol. Sci.*, **364**: 471-480.

Tietjen, W. J., Ayyagari, L. R., Uetz, G. W. (1987) Symbiosis between social spiders and yeast: the role in prey attraction. *Psyche (Stuttg).*, **94**: 151-158.

Tso, I.-M., Chiang, S.-Y., Blackledge, T. A. (2007) Does the giant wood spider *Nephila pilipes* respond to prey variation by altering web or silk properties? *Ethology*, **113**: 324-333.

Tso, I.-M., Tai, P.-L., Ku, T.-H., Kuo, C.-H., Yang, E.-C. (2002) Colour-associated foraging success and population genetic structure in a sit-and-wait predator *Nephila maculata* (Araneae: Tetragnathidae). *Anim. Behav.*, **63**: 175-182.

Tso, I.-M., Wu, H.-C., Hwang, I.-R. (2005) Giant wood spider *Nephila pilipes* alters silk protein in response to prey variation. *J. Exp. Biol.*, **208**: 1053-1061.

Turner, J., Vollrath, F., Hesselberg, T. (2011) Wind speed affects prey-catching behaviour in an orb web spider. *Naturwiss.*, **98**: 1063-1067.

Václav, R., Prokop, P. (2006) Does the appearance of orbweaving spiders attract prey? *Ann. Zool. Fenn.*, **43**: 65-71.

Vanderhoff, E. N., Byers, C., Hanna, C. (2008) Do the color and pattern of *Micrathena gracilis* (Araneae: Araneidae) attract prey? examination of the prey attraction hypothesis and crypsis. *J. Insect Behav.*, **21**: 469-475.

Venner, S., Casas, J. (2005) Spider webs designed for rare but life-saving catches. *Proc. R. Soc. B*, **272**: 1587-1592.

Watanabe, T. (1999a) The influence of energetic state on the form of stabilimentum built by *Octonoba sybotides* (Araneae: Uloboridae). *Ethology*, **105**: 719-725.

Watanabe, T. (1999b) Prey attraction as a possible function of the silk decoration of the uloborid spider *Octonoba sybotides*. *Behav. Ecol.*, **5**: 607-611.

Watanabe, T. (2000) Web tuning of an orb-web spider, *Octonoba sybotides*, regulates prey-catching behaviour. *Proc. R. Soc. B*, **267**: 565-569.

Welch, K. D., Haynes, K. F., Harwood, J. D. (2013) Microhabitat evaluation and utilization by a foraging predator. *Anim. Behav.*, **85**: 419-425.

Witt, P. N., Reed, C. F. (1965) Spider-web building: Measurement of web geometry identifies components in a complex invertebrate behavior pattern. *Science*, **149**: 1190-1197.

Wu, C.-C., Blamires, S. J., Wu, C.-L., Tso, I.-M. (2013) Wind induces variations in spider web geometry and sticky spiral droplet volume. *J. Exp. Biol.*, **216**: 3342–3349.

Wu, C.-H., Elias, D. O. (2014) Vibratory noise in anthropogenic habitats and its effect on prey detection in a web-building spider. *Anim. Behav.*, **90**: 47–56.

Zschokke, S. (2002) Form and function of the orb-web. In: Toft, S., Scharff, N (eds), *European Arachnology* 2000. 99–106. Aarhus: Aarhus University Press.

Zschokke, S., Nakata, K. (2010) Spider orientation and hub position in orb-webs. *Naturwiss.*, **97**: 43–52.

Zschokke, S., Nakata, K. (2015) Vertical asymmetries in orb webs. *Biol. J. Linn. Soc.*, **114**: 659–672.

Zschokke, S., Vollrath, F. (2000) Planarity and size of orb-webs built by *Araneus diadematus* (Araneae: Araneidae) under natural and experimental conditions. *Ekológia*, **19**: 307–318.

おわりに

　引っこみ思案なこともあって，待つのは習い性だ．子どもの頃は，家で友達が遊びに誘ってくれるのを待っていることが多かった．生き物の生態や行動を調べるようになった今では，野外で動物がくるのを待ったり，実験条件が整うのを待ったりするのは日常茶飯事．待つのが苦にならないタイプでよかったとしばしば思う．

　そんな私がアリの社会を扱った博士論文を書き上げた後，次の面白い研究テーマを探してぶらぶらしているときにクモと出会ったのは，天の配剤だったのかもしれない．それから20年，勤め先を三度も変えながら，曲がりなりにもクモの研究を続けてこられたのは，罠を仕掛けて誘いこみ一気に動いてカタをつける，彼女たちのまちぶせの巧みさに魅了されたからだろうか．いや，辛抱強く機を待ち続ける彼女らの姿に何かシンパシーのようなものを感じていたからかもしれない．

　実は，もっと現実的な理由もあった．私は勤め先として3つの大学を経験しているのだが，それらはいずれも生物学を専門とするところではなかった．そのため十分な調査機材がなく，かつ何でも1人でこなさねばならない状況が今に至るまで続いている．そのような環境でもこれまで何とか研究を続けてこられたのは，クモが行動研究の対象として，とても優れた特徴をもっているからだ．網を張るクモは，まず見つけやすい．そして，引っ越しするとはいえ，野外で1個体1個体を一定期間追跡して観察することが比較的簡単だ．これは，動物の行動を自然な状況で調べるにはとても都合がよ

い．そして普通の動物であれば，行動を観察するためにはその行動が行われる瞬間に立ち会う必要があるところ，クモの網張り行動であれば，現場を見なくても何ら問題はない．残された網を見れば，どのような建築行動をクモがとったか詳しくわかるからだ．

　こんな有利な条件をもつクモなので，その行動の研究にはこれからも多くの人が参入し，活気を呈するだろうと私は期待している．特に，円網以外の網を使うクモには，本書で紹介したものとは違うまちぶせ術とその論理があるだろう．調べるべき面白いテーマがたくさんあるはずだ．

　私がこれまで一番熱心に研究してきたギンメッキゴミグモは，私たちの身近な環境に棲む，どこにでもいる普通種だ．珍しい生き物でも何でもない．一方，ギンメッキやこれも普通種のゴミグモは，私にとって新発見の宝庫だ．これまで紹介してきたように，逆さまの形をした網，定説とは違う白帯や体の色の役割，細かな網張り行動の調整，糸を引っ張ることによる「注意」の制御，といった，驚くようなまちぶせ術が次々と見つかった．本書ではチラリと触れただけだが，最近私は，ギンメッキゴミグモで，オスが交接後にメスの交接器を破壊して他のオスとの繁殖を防ぐという，動物の世界ではこれまで知られていなかった現象さえ発見した．

　どうしてギンメッキやゴミグモたちは，私たちをこんなにも驚かせてくれるのだろう？と時々思うことがある．私がギンメッキゴミグモを研究するようになったキッカケは，ある日，林を歩いていて銀色に光るクモがいることにたまたま気がついて，その丸く太った姿と短くたたんだ脚を可愛いなと思ったことにある．つまり，出会いは偶然にすぎなかったのだ．それが付き合ってみると，ギンメッキは研究対象として最高級だったことがわかるのだが，そんなクモを偶然選ぶなんて幸運が私にあるものだろうか？

おそらく，そうではないのだろう．もし，私が別のグループのクモを選んでいたとしても，そのクモはやはりたくさんの驚きを私たちに与えてくれたに違いない．これまで円網を張るクモの研究は，ナガコガネグモ，ニワオニグモ，といった大型で扱いやすい種を中心に行われてきた．そんなモデル生物的なアプローチで形作られてきたクモの行動や生態についての定説の射程は，実はそれほど広くないのだろう．ギンメッキたちがたくさんの驚きをくれるのは，彼女らがモデル生物ではなかったからに違いない．生物の世界の本質の1つは多様性だ．それぞれの種はそれぞれの理屈で生きているはずで，どの種だって新発見の宝庫である可能性は高い．

　こういうスタイルは，生物学の教科書を書き換えるような大発見にはつながらないかもしれない．私がギンメッキで見つけたことも，また射程が広くないだろうからだ．しかし，よく考えてみれば，私は元々，大きな発見をしてやろうとかの野心を持ち合わせてこの業界に入ったわけではない．ただ自分と違う他者のことを理解したいと思うだけだ．だから別に教科書を書き換えられなくったって，一向に構わない．個々の生き物の理屈がわかるようになる．これこそが生物を対象にした学問の醍醐味だろう．そう思って，私は明日も網の前に座って，何か面白いことは起きないかな，と待ち続けるのである．

謝　辞

　本書で紹介した研究は，JSPS 科研費 15770017, 17770020, 20570025, 23570037, 26440251 の助成を受けたものである．

　本文中で紹介した丑丸敦史，Samuel Zschokke 両氏に加え，共同研究者の渡部健，森貴久，繁宮悠介，髙須賀圭三各氏との調査，議論に基づく研究成果の数々がなければ，本書は成り立たなかっただろう．また藪田慎司氏からは，私の研究にいつも俯瞰的かつ有益なコメントをいただいている．さまざまなモチベーションやアイデアをいただけたことも含め，各氏には深く感謝申し上げたい．

　また最初の読者でもある妻のみどりからは，わかりにくい文章の問題点などの指摘を多々受けた．にもかかわらず，未だに読みにくい部分が残っているのはひとえに筆者の責任である．また妻と2人の息子には，夏の間，自宅にクモを放し網を張らせて観察を行うため，庭を自由に使うことができない状況を黙認してもらっている．家族の協力あってこその本書である．深く感謝したい．

アマチュア研究家に薦めたいクモの行動生態学へのガイド

コーディネーター　辻　和希

　著者の中田さんは，日本を代表する行動生態学者の1人である．そして本書は行動生態学の本だ．行動生態学とはどんな学問だろうか．日本におけるこの分野の草分けである岸由二博士は，行動生態学のことを「ナチュラリストのスタンダードな方法論」といったが，よく言い当てている．行動生態学は大学などの研究機関にいるプロの研究者だけができる学問分野ではなく，一般の自然愛好家にも開かれている．あとがきで著者の中田さんが書いているように，行動生態学の研究には高価な機材や薬品，あるいは研究チームを必ずしも必要とはしない．動物好きの方々が，たとえば著者が扱ったクモのような身近に見られる生き物で何か科学的な研究をしてみたいと素朴に思ったとき，たった1人で紙と鉛筆を手に観察するだけで，現代科学で十分通用する行動生態学的研究ができる可能性があるのだ．

　行動生態学の目的を端的にいえば，野生の生き物の多様な特徴（日本で俗にいわれるところの「生態」）が，すべて自然選択の産物であるという考えでどこまで理解できるのか挑戦すること，となる．動物の「生態」，すなわち，行動や形態，生活様式がすべて自然選択の産物であるというこの考えは，厳密にはあくまで作業仮説である．しかし，自然選択と遺伝浮動を軸にした生物進化理論は，現代科学が発展すればするほど，生物学全体を包括する基盤概念としての地位をますます固めつつある．このしっかりした考えを，現

象を切りとるメスとして使えば，マウスやショウジョウバエのようなよく制御された実験室で研究される一部の「モデル生物」を使わなくても，自然愛好家が出会うさまざまな野生生物を対象に研究して，うまくいけば今まで誰も気づかなかったパターンを発見し，さらにそれに科学的解釈を与えることができる．

　さて，本書の紹介役をつとめるにあたって，解説しなければならない専門知識がある．第2章で書かれたコストと利益，そして第6章で触れられている最適採餌仮説についてだ．これを解説するには，まずその前に基本中の基本である自然選択説について説明せねばならない．

　生物は実によくできている．ミドリシジミ類の幼虫は，食べ物である樹木の新芽が芽吹く季節にぴったり合わせて冬眠から目覚め，孵化する．コウモリは自ら出した超音波の反響で餌の位置を知り，暗闇でも獲物を捕らえることができる．ミツバチはダンスで餌のありかや価値を巣仲間に伝える．これらは生きていくのに都合のよい性質で，まるで意識ある存在（神）が計画的に設計したのではないかと思えるばかりの精緻さだ．しかし自然選択説の提唱者であるダーウィンは，「自然のふるいわけ」といういわば物理的な仕組みが長い時間をかけ作用することで，これら生物の驚くべき適応的性質のすべてが自然発生してきたのだと考えた．

　自然選択はこんなふうに働くと考えられる．生物の性質（以後，形質と呼ぶ）をコードするDNAに刻まれた情報は，子どもに遺伝する．このDNAの分子配列は，時々突然変異を起こし変化する．突然変異には，表現形質に影響しない中立的変化も多くある．しかし表現形質に突然変異が現れる場合は，突然変異はデタラメな方向に形質を変え，それは生物個体にとって有害なものがほとんどである．ところがごくまれに，与えられた環境で生活していく上で以前

示していた形質よりも有利な形質をもたらすことがある．そのような有利な形質をもつ個体は，生き残って子どもを残す可能性が同種の他個体より高いため，突然変異タイプの形質は種内で広がっていく．長い年月をかけこのプロセス（自然選択）を無数に繰り返すうちに，生物は環境にどんどん適応していく．このように，自然選択は生物の進化による環境適応の原動力であり，それは主として同種の生物の個体間競争（種内競争）を通して作用する，というのが行動生態学の主流となる考え方だ．

　行動生態学者はこの考え方をさらに現代的にアレンジし，具体的な予測を導くようになった．大胆な予測を立てることが行動生態学のアプローチの大きな特徴である．読者の皆さんは，過去に起こった出来事（普通はそうだ）である生物進化に対し，自然選択理論から予測を導くとは一体どういうことなのかと思うかもしれない．予測は普通，未来に対して行うものだからだ．行動生態学の予測の立て方を大ざっぱにいうと「もし自然選択理論が正しければ，生物にはこんな形質が進化しているはずである」というアプローチをとる．つまり，過去に起こったであろう自然選択（作業仮説）から，現在のパターンを予測するのである．もし実際の現存生物に見られるパターンがこの予測とよく一致していたら，「過去に起こったであろう自然選択」という作業仮説は支持できる．ここで予測は定量的で詳細あればあるほど，その予測が支持されたとき，他の仮説でも現象を説明できる余地が通常は少なくなる．言い換えるなら，自然選択説の信憑性が増すというわけだ．

　では，詳細な定量的予測はどう導くのだろう．先にも述べたように，突然変異は，生物にとって必ずしも都合のよいものではないデタラメな方向に形質を変化させる．現存する野生生物が，皆過去に経験してきた自然選択という種内競争における勝者の子孫であると

仮定すると，祖先の世代で生じ得た突然変異の中で，生息環境で生き残り子どもを多く残すことに最も長けた形質をコードする遺伝子（型）だけが，現在残っているだろうと予測される．

　この考え方を突き詰めると，工学などで広く使われている最適制御という考えに結びつけることができる．工学は基本的に応用分野の学問であるため，ヒトが目指す任意の目的変数を最大にするには人工物をどう設計すべきかと問う．行動生態学者は逆に，過去に働いた自然選択の結果，現存している生物の目的変数は最大化されているのではないかと考える．ここで生物が最大化する目的変数とは「生き残ってより多くの子どもを残すこと」であり，これを適応度と呼ぶ．人工物の設計の言い回しに合わせて「目的」変数と表現したが，適応度最大化は自然選択というふるいの中で自然に生じてしまう結果的な現象で，意図された目的とは違う．ともあれ，自然選択の結果現存する野生生物個体は，過去に突然変異で改変可能であった範囲内で適応度を最大化させる形質を示すはずであるという，適応度最大化の原理は，行動生態学の軸になる考え方だ．

　しかし，突然変異による個体形質の変化には，適応度向上のために好ましい側面と，好ましくない側面の両方が通常伴う．行動生態学者は前者を適応度上の利益と呼び，後者を適応度上のコストと呼ぶ[1]．第2章で書かれた，より大きな網を張ればクモは餌をより多く捕獲できる（利益）が，より大きな網を作るには体内に蓄えている資源がもっと必要になる（コスト）が，その具体例である．最適

---

[1] 利益やコストは，個体が生涯残すであろう子どもの数（これはいわば適応度そのもの）への影響で測るのが理想的だが，実際の研究では資源獲得量などの別の尺度で議論されることも多い．その場合は，もし他の条件がすべて一定なら，栄養などの資源をより多く獲得した個体が，平均すればより多くの子孫を残すことになるだろうという仮定を置くことになる．

制御という考えを導入すれば，この二律背反（トレード・オフ）を「合理的」に解決する解を求めることができる．解を導くため最適制御理論では高度な数式を使うことがしばしばあるが，本書の図 2.2 や Box.1 のように，図で直感的に理解できるケースもよく見られる．図 2.2 のようなケースでは最適なやり方とは，大ざっぱにいって利益とコストの差が最大になるやり方といえる．

まとめると，行動生態学者は大胆な予測を立てて，野生生物を色めがねで観察する．生物においては過去の自然選択の結果，最適戦略[2]が進化しているはずだと．この予測が実際の生物のパターンとよく一致したときの驚きは，とりわけ予測が意外なものだった場合には，行動生態学の研究アプローチをとても魅力的なものにする．

専門家でない読者を想定し，大胆な予測を立てる行動生態学のアプローチをこれまで紹介してきた．しかし実際のところは，最適化理論の定量的な予測は，観察だけでなく実験的な方法を使って，生物を詳細に調べることでしか検証できない場面も多い（本書でも第 2 章に具体例が紹介されている）．また科学技術の発展に伴い，行動生態学でもたとえば次世代 DNA シーケンサーなどの最新の高価な分析機器を使って予測をテストするような場面が次第に多くなってきた．これはアマチュアには敷居が高いだろう．

一方，予測を立てるのが行動生態学の特徴とはいえ，定量的な予測だけが唯一のアプローチではない．定性的な予測もよく立てられる．たとえば，第 4 章の「餌の獲れ方に地域差があるとき，それに適応して同種のクモでも巣の特徴に地域差があるのではないか」というのはその例である．与えられた制約と環境の中で，自らの身体

---

[2] 行動生態学者は，生物の形質を戦略や戦術という言葉でしばしば抽象的に表現することがあるが，それは最適化理論や進化ゲーム理論が発展してきた経済学や工学などで使われてきた言い回しだからである．

能力の技術革新に自然選択を通して邁進しているのが生物であると考え（作業仮説），それがいかなる精緻なデザインをもたらしたか考えることは，それ自体が挑戦的な研究テーマだ．これは自然愛好家が行うアマチュア研究にも採用できるアプローチだと思う．

しかし率直にいって，アマチュア研究者が現代科学の世界で通用する行動生態学的研究を行うための本当のハードルはアイデアだ．科学の最前線で通用する研究を行うには，アイデアすなわち学問におけるこれまでの到達点をしっかり学び，それを超える新たな発想が必要だということは，素人でも想像できるかと思う．正直にいえば，私自身はアイデアは必要どころか最重要と考える．プロの研究者の世界では，研究アイデアが本当に独創的か，二番煎じでないかどうかは死活問題である．それゆえ研究を始めるにあたっては，過去に世界のどこかで似たような発想で研究がされていないかしっかり調べる．なぜなら，職業研究者の間では1番手の研究以外あまり評価されない[3]傾向があるからだ．これが災いし，研究の追試や，同じ予測を少し違った系（たとえば近縁種）で検証するというようなことは，行動生態学者の間でもあまりなされない傾向がある．こんなことでは世の中に蓄積される事実に関する情報が薄っぺらくなってしまうという弊害が生まれるが，競争の激しいプロの研究者の社会では仕方ない面もある．

そこにアマチュア研究者の出番と，本書や同じ共立スマートセレクションシリーズの他書の意義がある．自然愛好家がもし研究を始めたいと思ったとき，本書はアイデアを研鑽するためのガイドとなるだろう．アマチュアの研究には1番じゃないといけないというし

---

[3] この場合の2番手の研究の評価の低さとは，成果が著名な雑誌に掲載されにくくなることに端的に表れる．誰かに「2番じゃ駄目なんですか」と問われたら，「駄目なんです」と，絶えず競争にさらされている職業研究者ならそう答えるだろう．

がらみはない．むしろ2番手の研究でもOKというところに，アマチュアの研究の最大の強みと，活躍する余地がある．プロの世界では集まりにくい追試データをとることもできるし，追試のつもりでやった研究が予想外の新発見をもたらす可能性もある．「やってみるまで結果はわからない」というのは経験主義の発想であるが，これを裏づけるようなことが，さまざまな野生生物を扱う行動生態学的研究では割とよくあるように思う．

　小中高校の理科の先生には，本書をぜひ読んでもらいたい．クモのようなそこかしこにいる小さな生き物を，ホームセンターで買える程度の簡単な道具を使い，知恵を絞って実験や観察をすることで先端科学的な研究ができるというのは，教育現場において魅力的でないだろうか．本書は，小中高校の教育現場で，たとえば夏休みの自由研究やスーパーサイエンスハイスクールでの生徒の研究などのよい参考教材になると思う．

　もちろん，純粋に一読者として，クモという不思議な生物を深く知りたいという方々にも本書をお薦めする．クモにはセアカゴケグモのような毒グモもいて，アレクノフォビア（クモ恐怖症）などという言葉があるほど嫌われやすい存在だが，実は害虫の天敵として農業に大きく貢献し，糸の産業利用も真面目に検討されている，愛されるべき存在でもあるのだ．

　末筆になるが著者の中田さんのエピソードを少し書いておこう．先ほど1番手，2番手という話をしたが，奇しくも著者の中田さんは，ギンメッキゴミグモという日本のクモで，オスが交尾相手であるメスの生殖器の一部を破壊し，二度と交尾できなくするという大発見をした（本書でも少し触れられている）．ところが残念ながら「鼻の差」で，外国の研究グループが他種のクモで同じような内容を先に発表し，中田さんの発見は2番手になってしまったのだ．し

かし，2番であっても中田さんの研究の科学的価値が高いことに議論の余地はない．別種のクモでも極めてよく似た行動が見られたという事実は，このような現象が多くのクモで一般的である可能性と，その裏に同じメカニズム（自然選択）が働いていたことを暗示するからだ．ライバルグループの研究成果が掲載された科学誌に中田さんの原稿は却下されることとなったものの，ほぼ同時発見だったということもあり，権威ある英国王立協会が発行する別の有名誌に中田さんの研究成果は掲載された．

　中田さんは，生物学の教科書を書き換えるような大きな発見をしてやろうという野心を元々持ち合わせてはいない旨をあとがきで述べている．私は中田さんとは彼が大学院生時代からの知り合いで，アリを使って共著研究もしたことがあるので，中田さんの気持ちは当時と変わらずそうなのだと思う．「人と同じことはやらない」が信条なのは私も同じだ．中田さんのこの研究姿勢に対し私は評論する立場にないが，中田さんの変な野心のない自然体の研究からさらなる大発見が生まれることを願っている．そして，そのような自然体の研究姿勢は，自然愛好家がアマチュア研究をするときの模範になるだろうと思う．

索 引

【生物名】

Verrucosa arenata　86
アメリカジョロウグモ　16
ウズグモ　35
オオジョロウグモ　47,58
オオヒメグモ　11,14
オワレスズミグモ　16
カタハリウズグモ　68
カラカラグモの1種 *Epeirotypus* sp.　32
カラスゴミグモ　86
キタノオニグモ　15
キマダラコガネグモ　14
キムラグモ　4
ギンナガゴミグモ　35
ギンメッキゴミグモ
　　16,20,23,24,26,44,86
クサグモ　9
クサグモの1種 *Agelenopsis aperta*　14
クロガケジグモ　10
コガタコガネグモ　37
コガネグモ　36
コガネグモの1種 *Argiope trifasciata*　16,46
ゴケグモの1種 *Latrodectus revivensis*　14
コゲチャオニグモ　47
ゴミグモ　vi,23,24,26,72,86

ゴミグモ属　86,105
コモリグモ　v
サガオニグモ　39
サラグモ　10,23
サラグモの1種 *Mermessus fradeorum*　16
サラグモの1種 *Lepthyphantes tenuis*　14
シマゴミグモ　86
ジョロウグモ　iv
ジョロウグモの1種 *Nephila edulis*　33
タイリクキレアミグモ　24
タナグモ　23
チュウガタコガネグモ　35
ツヤクロゲケグモ　15
トゲゴミグモ　34,59
トタテグモ　vi,81
ナガコガネグモ　iv,35,39
ナガマルコガネグモ　38
ニワオニグモ　20
ハエトリグモ　v,vi
ハエトリグモの1種 *Evarcha culicivora*　4
ハグモの1種 *Mallos gregalis*　33
ハシリグモ　47
ヒメグモ　11
マルゴミグモ　6
ミナミノシマゴミグモ　86

索引

【欧字】

βシート　55
MaSp1　55

【あ】

足場糸　9
網　vi
網糸の振動　64
網の半径　84
網目幅　32,103
エコーロケーション　67
エサおびき寄せ仮説　44
エサの転げ落ち　103
円網　4
円網の起源　81
音叉　38

【か】

記憶　25
機械感覚　3,63
機会コスト　19
機械受容器　63
鋏角　1
琴状器官　64
クモの巣　v
交接　2
行動ルール　23
交尾栓　3
効率　84
こしき　8,84
ゴミリボン　34
転げ落ち　92
コントロール　40

【さ】

細隙器官　64
サイズ非対称性　84,103

最適採餌仮説　84
皿網　10
サンプリング　24
紫外光　32,35
紫外線　31
視覚的なおとり　35
試行錯誤　18
シミュレーション　93
社会性のクモ　16
襲撃時間　83,90
重力　85,102,108
受信糸　81
出糸器官　4
情報獲得戦術　26
触肢　1
触毛　63
蹠節　64
靭性　52
好き嫌い　69,80
精網　3
節足動物　1
梳糸　56

【た】

対照群　40
対捕食者行動　39
対捕食者防御仮説　44
縦糸　5,7,50
縦糸の角度　104
棚網　9
探索型　iv
弾性エネルギー　51
注意　68,79
昼行性　34
中心定位採餌者　83
聴毛　63
張力　50,71
テンション　76

糖タンパク質　57
トレードオフ　59

【な】

ナノスプリング　55
なわばり　83
ネクターガイド　36
粘球　32,56
粘着性　59,103
ノイズ　67

【は】

徘徊性　v
白帯　34,68
橋糸　6
張り替え　12
ヒステリシス　53
非対称性示数　107

引っ越し　21
引張強度　51
ファンデルワールス力　56
不規則網　11
フリーゾーン　9
捕獲域　50

【ま】

まちぶせ型　iv
毛管力　56
モデル生物　124

【や】

横糸　5,9,50
横糸の絡みつき防止　106

【わ】

枠糸　5,7,77

memo

memo

著　者

中田兼介（なかた けんすけ）

1995 年　京都大学大学院理学研究科博士後期課程修了

現　　在　京都女子大学現代社会学部現代社会学科 教授 博士（理学）

専　　門　動物行動学，動物生態学

コーディネーター

辻　和希（つじ かずき）

1989 年　名古屋大学大学院博士後期課程修了

現　　在　琉球大学農学部亜熱帯農林環境科学科 教授 農学博士

専　　門　動物生態学，進化生態学

共立スマートセレクション 14 *Kyoritsu Smart Selection* 14 **まちぶせるクモ** ―網上の **10** 秒間の攻防 *Sit-and-wait Predation* *by Spiders* ―*10 Seconds on Orb Webs* 2017 年 3 月 15 日　初版 1 刷発行	著　者　中田兼介　ⓒ 2017 コーディ ネーター　辻　和希 発行者　南條光章 発行所　**共立出版株式会社** 　　　　郵便番号　112-0006 　　　　東京都文京区小日向 4-6-19 　　　　電話　03-3947-2511（代表） 　　　　振替口座　00110-2-57035 　　　　http://www.kyoritsu-pub.co.jp/ 印　刷　大日本法令印刷 製　本　加藤製本
検印廃止 NDC 485.73 ISBN 978-4-320-00914-1	一般社団法人 　　　　　　自然科学書協会 　　　　　　会員 Printed in Japan

JCOPY ＜出版者著作権管理機構委託出版物＞

本書の無断複製は著作権法上での例外を除き禁じられています．複製される場合は，そのつど事前に，出版者著作権管理機構（ＴＥＬ：03-3513-6969，ＦＡＸ：03-3513-6979，e-mail：info@jcopy.or.jp）の許諾を得てください．

見つかる（未来），深まる（知識），広がる（世界）

共立 スマート セレクション

本シリーズでは，自然科学の各分野におけるスペシャリストがコーディネーターとなり，「面白い」「重要」「役立つ」「知識が深まる」「最先端」をキーワードにテーマを精選しました。第一線で研究に携わる著者が，自身の研究内容も交えつつ，それぞれのテーマを面白く，正確に，専門知識がなくとも読み進められるようにわかりやすく解説します。日進月歩を遂げる今日の自然科学の世界を，気軽にお楽しみください。

【各巻：B6判・並製本・税別本体価格】

❶ 海の生き物はなぜ多様な性を示すのか
―数学で解き明かす謎―
山口 幸著／コーディネーター：巌佐 庸
・・・・・・・・・・・176頁・本体1800円

❷ 宇宙食―人間は宇宙で何を食べてきたのか―
田島 眞著／コーディネーター：西成勝好
目次：宇宙食の歴史／宇宙食に求められる条件／他・・・・・・126頁・本体1600円

❸ 次世代ものづくりのための電気・機械一体モデル
長松昌男著／コーディネーター：萩原一郎
目次：力学の再構成／電磁気学への入口／物理機能線図／他・・・・200頁・本体1800円

❹ 現代乳酸菌科学―未病・予防医学への挑戦―
杉山政則著／コーディネーター：矢嶋信浩
目次：腸内細菌叢／肥満と精神疾患と腸内細菌叢／他・・・・・142頁・本体1600円

❺ オーストラリアの荒野によみがえる原始生命
杉谷健一郎著／コーディネーター：掛川 武
目次：「太古代」とは？／太古代の生命痕跡／他・・・・・・・・・248頁・本体1800円

❻ 行動情報処理―自動運転システムとの共生を目指して―
武田一哉著／コーディネーター：土井美和子
目次：行動情報処理のための基礎知識／行動から個性を知る／他 100頁・本体1600円

❼ サイバーセキュリティ入門
―私たちを取り巻く光と闇―
猪俣敦夫著／コーディネーター：井上克郎
・・・・・・・・・・・240頁・本体1600円

❽ ウナギの保全生態学
海部健三著／コーディネーター：鷲谷いづみ
目次：ニホンウナギの生態／ニホンウナギの現状／他・・・・・168頁・本体1600円

❾ ICT未来予想図
―自動運転，知能化都市，ロボット実装に向けて―
土井美和子著／コーディネーター：原 隆浩
・・・・・・・・・・・128頁・本体1600円

❿ 美の起源―アートの行動生物学―
渡辺 茂著／コーディネーター：長谷川寿一
目次：経験科学としての美学の成り立ち／美の進化的起源／他・・・164頁・本体1800円

⓫ インタフェースデバイスのつくりかた
―その仕組みと勘どころ―
福本雅朗著／コーディネーター：土井美和子
・・・・・・・・・・・158頁・本体1600円

⓬ 現代暗号のしくみ
―共通鍵暗号，公開鍵暗号から高機能暗号まで―
中西 透著／コーディネーター：井上克郎
目次：暗号とは？／他 128頁・本体1600円

⓭ 昆虫の行動の仕組み
―小さな脳による制御とロボットへの応用―
山脇兆史著／コーディネーター：巌佐 庸
目次：姿勢を保つ／他 184頁・本体1800円

⓮ まちぶせるクモ―網上の10秒間の攻防―
中田兼介著／コーディネーター：辻 和希
目次：まちぶせと網／仕掛ける／誘いこむ／止める／他・・・・・・156頁・本体1600円

⓯ 無線ネットワークシステムのしくみ
―IoTを支える基盤技術―
塚本和也著／コーディネーター：尾家祐二
・・・・・・・・・・・210頁・本体1800円

● 主な続刊テーマ ●

感染症に挑む／分子生態学から見たハチの社会／他
（続刊テーマは変更される場合がございます）

http://www.kyoritsu-pub.co.jp/　共立出版　（価格は変更される場合がございます）